小浆果
安全生产技术指南

代汉萍　刘海广　李亚东　主编

中国农业出版社

图书在版编目（CIP）数据

小浆果安全生产技术指南/代汉萍，刘海广，李亚东主编．—北京：中国农业出版社，2012.5
（农产品安全生产技术丛书）
ISBN 978-7-109-16639-4

Ⅰ.①小… Ⅱ.①代…②刘…③李… Ⅲ.①浆果类—果树园艺—指南 Ⅳ.①S663-62

中国版本图书馆 CIP 数据核字（2012）第 066803 号

中国农业出版社出版
（北京市朝阳区农展馆北路 2 号）
（邮政编码 100125）
责任编辑 张 利
文字编辑 吴丽婷

中国农业出版社印刷厂印刷 新华书店北京发行所发行
2012 年 7 月第 1 版 2012 年 7 月北京第 1 次印刷

开本：850mm×1168mm 1/32 印张：7.125 插页：4
字数：175 千字
定价：18.00 元

编写人员

主　编	代汉萍	刘海广	李亚东
编　委	代汉萍	刘海广	李亚东
	张莹莹	李淑梅	安　伟
	於　虹	刘庆忠	王彦辉
	高青玉	张冰冰	艾　军
	傅俊范	睢　薇	郭修武
	霍俊伟	魏海荣	代志国
	张志东	吴　林	黄国辉
	王相怡	辛　君	缪成武
审　稿	焦培娟	郭太君	

NONGCHANPIN ANQUAN
SHENGCHAN JISHU CONGSHU

前言

小浆果果实中富含多种维生素、氨基酸、矿物质、糖类、有机酸等营养物质，还含有黄酮、鞣花酸、花青素等药用成分，具有抑制癌细胞和抗心血管病的功效，有很高的营养保健功能。各种小浆果果实中富含超氧化物歧化酶（SOD），有多种抗氧化酶成分，能有效清除体内导致疾病的自由基，从而降低血脂、胆固醇、血压，防止心血管疾病，还能增强抵抗力，延缓衰老，达到美容养颜的功效。

自21世纪初以来，由于国外劳动力成本和生产成本的增加以及农业产品的国际化生产，浆果产业，特别是新兴的小浆果产业（蓝莓、树莓）已成为我国最具发展潜力的新型果树产业之一。20世纪80年代以前，黑龙江省尚志市树莓种植面积不足33.33公顷，目前以树莓、越橘和黑穗醋栗为主的小浆果面积约1.33万公顷。除此之外，沙棘、五味子、蓝靛果、软枣猕猴桃等小树种也正在成为部分地区的新型经济树种而备受关注。

目前，世界各国非常重视食品安全问题，我国政府、社会各界和广大消费者也高度关注食品安全问题。小浆果共同的特点是可食用部分没有外在的保护层，果实柔软多汁。果实成熟采收后需在短时间内食用或加工处理，小浆果生产中的土肥水及病虫害防治措施的实施直接影响其果品的食用安全性。从目前我国小浆果销售渠道来看，近80%的蓝莓、90%的树莓、95%的穗醋栗供应国际市场。我国从事小浆果产业的农户、企业及相关政府非常重视，并迫切需要有关小浆果安全生产技术的推广及应用。

本书由全国各地在蓝莓、树莓、穗醋栗与醋栗、沙棘、五味子、蓝靛果、软枣猕猴桃方面从事研究和生产的权威专家编撰而成。本书的出版得到了农业部公益性行业科研专项“小浆果产业技术研究与试验示范”(201103037)项目的支持，书中内容也汇聚了项目执行过程中的最新科研成果。在编写过程中，贺善安、张清华和顾姻先生提供了部分资料，并提出了修改意见，主编和编委为本书的编写做出了巨大努力，焦培娟和郭太君为全书审稿，在此一并致谢。由于时间仓促，书中难免有不足之处，敬请各位读者批评指正。

编　者

2011年2月

目录

第一章

小浆果产业发展概况

第一节　蓝　莓

蓝莓（blueberry）为杜鹃花科越橘属（*Vaccinium*）植物，果实呈蓝色，并被一层白色果粉包裹，其果实大小因种类不同而异，一般单果重 0.5～2.5 克。果实肉质细腻，种子极小，可食率 100%，口感甜酸，有清爽宜人的香气，富含多种维生素及微量元素等物质。蓝莓鲜果既可鲜食，又可作加工果汁、果酒的原料。蓝莓果实中含有丰富的营养成分，不仅具有良好的营养保健作用，还具有防止脑神经老化、强心、抗癌、软化血管、增强人体免疫等功能。据美国农业部人类营养研究中心发布的研究报道称，蓝莓是他们曾研究过的 40 多种水果和蔬菜中抗氧化营养成分最丰富的一种资源。蓝莓在国内外极受欢迎，并已被联合国粮农组织列为人类五大健康食品之一，是具有较高经济价值和广阔开发前景的新兴小浆果树种。

一、世界蓝莓产业发展现状

全球蓝莓的栽培历史不到 100 年，最早始于美国。1906 年，F. V. Coville 首先开始了野生选种工作，1937 年将选出的 15 个品种进行商业化栽培。到 20 世纪 80 年代，已选育出适应各地气候条件的优良品种 100 多个。继美国之后，世界各国竞相引种栽培，并根据气候特点和资源优势开展了具有本国特色的研究和栽培工作。荷兰、加拿大、德国、奥地利、丹麦、意大利、芬兰、英国、波兰、罗马尼亚、澳大利亚、保加利亚、新西兰和日本等国相继进入商业化栽培。目前位于北美洲的美国和加拿大在栽培面积、产量、技术研发、产业化水平等方面均居世界前列。欧洲等国的优势在于其丰富的野生蓝莓资源，为其发展蓝莓加工品奠定了基础。亚洲地区以日本为代表开始进行蓝莓生产栽培。据FAO统计，到2008年世界蓝莓产量及产值排名前20位的国家依次为：美国、加拿大、波兰、德国、荷兰、乌克兰、立陶宛、瑞典、新西兰、罗马尼亚、俄罗斯联邦、意大利、法国、拉脱维亚、西班牙、乌兹别克斯坦、葡萄牙、墨西哥、摩洛哥、挪威，其蓝莓总产量超过288 617吨，产值超45 558万美元（表1-1）。世界蓝莓产品供给不均衡，北美洲、南美洲、欧洲的波兰等地区和国家是世界蓝莓的主要生产及出口国。

表1-1　世界排名前20位国家的蓝莓产量及产值（2008年）

国　家	产量（吨）	产值（1 000美元）
美　国	158 032	249 456
加拿大	95 516	150 773
波　兰	7 857	12 402
德　国	4 116	6 497
荷　兰	4 000	6 314
乌克兰	3 000	4 735
立陶宛	2 500	3 946
瑞　典	2 500	3 946
新西兰	2 000	3 157
罗马尼亚	2 000	3 157

（续）

国　家	产量（吨）	产值（1 000 美元）
俄罗斯联邦	1 600	2 525
意大利	1 500	2 367
法　国	1 000	1 578
拉脱维亚	1 000	1 578
西班牙	1 000	1 578
乌兹别克斯坦	600	947
葡萄牙	200	315
墨西哥	123	194
摩洛哥	50	78
挪　威	23	36
合　计	288 617	455 579

二、中国蓝莓产业发展现状

我国栽培蓝莓起步较晚，吉林农业大学于 1983 年在我国率先开展了蓝莓引种栽培工作，先后引入蓝莓优良品种 70 余个，并进行了蓝莓试验示范、栽培基地建设、生产推广、产业化发展模式的研究工作。截至 2010 年，国内种植蓝莓总面积已达 9 021 公顷，产区主要分布在山东、辽宁、吉林、黑龙江、江苏等地，总产量达 2 698 吨，但与世界其他蓝莓生产国相比还有较大的差距。2004 年中国蓝莓产量只有 71.5 吨，占世界总产量的 0.04%，全部用于鲜果销售。2006 年增长速度较快，栽培面积由 2004 年的 118 公顷增加到 602 公顷，增长了 5.1 倍，鲜果产量增长了 4.78 倍，但也仅占世界总产量的 0.21%（表 1-2）。

表 1-2　2001—2010 年我国蓝莓栽培面积（单位：公顷）

省份 \ 年份	2001	2002	2003	2004	2005	2006	2007	2008	2009	2010
山　东	10	20	39	33	43	107	193	500	856	1 333
辽　宁		7	11	28	45	178	378	578	1 100	2 000
吉　林	2	14	16	36	69	136	176	333	500	1 600
黑龙江					3	9	76	150	340	500
江　苏	4			21	26	58	72	100	120	260
浙　江					7	73	273	300	350	700
贵　州	8					8	93	230	1 000	2 000
重　庆			17			17	17	50	100	150
云　南					5	11	45	100	150	350
湖　北								8	15	30
四　川							5	10	15	48
安　徽					5	5	5	30	50	50
合　计	24	41	83	118	203	602	1 333	2 389	4 596	9 021

2006—2010 年，我国蓝莓栽植面积从 602 公顷增加到 9 021 公顷（表 1-2），栽植面积增长 44.4 倍。目前，我国蓝莓的商业栽培区从东北的黑龙江省到西南的云南省，已经超过了 10 个省份。2006—2010 年，我国栽培蓝莓的总产量由 342 吨增加到 2 698吨。目前蓝莓主要产区年产量为：山东 808 吨，贵州 800 吨，辽宁 460 吨，浙江 250 吨，江苏 150 吨，吉林 150 吨，云南 80 吨（表 1-3）。目前我国生产的蓝莓果实主要出口日本等国家，2005—2007 年鲜果出口量分别为 150 吨、200 吨、250 吨；冷冻果出口量分别为 20 吨、100 吨、100 吨。国内鲜销量所占份额较小，2005—2007 年分别为 11 吨、42 吨、40 吨。

表 1-3　2002—2010 年我国蓝莓年产量　（单位：吨）

年份 省份	2002	2003	2004	2005	2006	2007	2008	2009	2010
山　东	1	12	52	99	200	205	368	570	808
辽　宁		1	7.5	32	70	80	120	250	460
吉　林	2	4	12	22	50	30	50	100	150
江　苏				10	10	20	50	100	150
贵　州				18	10	50	100	500	800
浙　江					2	5	150	200	250
云　南							20	40	80
合　计	3	17	71.5	181	342	390	858	1 760	2 698

设施栽培为我国蓝莓生产的一大特点，并呈现出巨大的市场潜力。早、中、晚熟品种配套，温室栽培果实采收期可以提前到3月底至5月中旬，冷棚生产果实采收期为5月中旬至6月下旬，而露地生产为6月底至8月底。3种栽培模式配合，全年可以实现连续5个月的鲜果供应。另外，在设施生产中由于生长期延长，花芽分化好，产量比露地生产可提高30%。从2001年试验栽培开始，蓝莓的设施生产在我国从仅有的0.13公顷发展到2007年的30公顷。目前蓝莓的设施生产主要集中在山东、辽宁和吉林省，栽培的品种有都克、蓝丰、北蓝和北陆。

三、中国蓝莓产业发展趋势

作为一个新兴和健康保健果品，蓝莓在我国具有巨大的市场潜力。随着我国经济的快速发展，人民生活水平的提高，越来越多的人认识到功能健康食品的重要性。最近几年来，蓝莓的营养价值和保健功能在媒体上广泛传播，尤其是2007年《蓝莓之夜》电影的公开放映，使“蓝莓”这一新兴果品的名称变得家喻户晓。蓝莓的产品也在各大超市开始销售，据吉林农业大学调查，目前我国各大超市销售的蓝莓产品有30余个品种，包括蓝莓鲜果、冷冻果、果干、果酱、罐头、果酒、饮料、色素胶囊，以及各类烘焙食品如饼干、面包等和各类奶制品如酸奶等。近年来，蓝莓产品在国际市场上也呈现供不应求的局面，据北美蓝莓协会预测，全球蓝莓市场每年需要40万吨原料，并且仍在持续增长，而目前全球产量只有24万吨，缺口近一半。对我国来讲，未来蓝莓产品将主要出口日本、韩国、东南亚各国及中国的香港和台湾。利用我国丰富的劳动力和自然资源发展蓝莓，有望成为新的出口创汇产业。尽管我国蓝莓产业化生产刚刚起步，但由于国际和国内市场的巨大潜力以及国际和国内大型企业的规模化种植，蓝莓已经成为我国发展最快的一个新型果树产业。作为一个新兴的果树树种，我国的大樱桃从1980年的2 000公顷发展到2000年的30 000公顷用了20年时间。蓝莓具有良好的国际和国内市场、多样化的产品和广泛的栽培种植区域，预计到2030年我国蓝莓栽培面积将会达到100 000公顷。届时，我国蓝莓生产很有可能像目前的苹果产业一样在世界上占主导地位。

第二节　树　莓

树莓（raspberry）是蔷薇科（Rosaceae）悬钩子属（*Rubus* L.）植物，果实富含多种维生素、氨基酸、矿物质、糖类、有机酸等营养物质，又含有黄酮、鞣花酸、花青素等药用成分，具有抑制癌细胞和抗心血管病的功效及较高的营养保健功能。维生素C及酚类化合物是食品中抗氧化剂的丰富来源，而树莓中富含这类物质，所以食用树莓可以提高人体的抗氧化能力。Mikko J. Anttonen等（2004）的研究认为红树莓中含有大量有益健康的酚类化合物，作为一类很有经济价值的小浆果，逐渐受到人们的喜爱和重视。

一、世界树莓产业发展

目前全世界有近50个国家种植树莓。截至2008年，世界树莓种植面积达到或超过1万公顷的国家有4个：俄罗斯、塞尔维亚、波兰和智利；超过5 000公顷的国家有：美国、乌克兰和中国；超过2 000公顷的有加拿大、阿塞拜疆等。从1986年开始，世界树莓种植面积一直在稳步增长。智利、美国、澳大利亚、东欧国家的面积和产量都有很大的增加，而英国、新西兰的面积则大幅减少，西北欧的树莓生产基本保持稳定。到目前为止，根据联合国粮农组织统计结果，世界上有37个国家较大面积栽培树莓，种植总面积约20万公顷，总产量近60万吨。

人们生活水平的提高，特别是发达国家人们对树莓消费需求增加，推动了树莓栽培产业的发展。树莓产业作为劳动密集型产业，由于劳动力成本的不断增加，树莓在发达国家已出现生产面积逐年下降的趋势。树莓开始从发达国家和地区逐渐向发展中国家和地区转移，新产区蓬勃兴起，南美正在发展成为又一新兴树莓原料的重要生产和输出地。进入21世纪以来，智利、中国成为树莓产业发展最快的国家。

1999—2006年，世界树莓产量从39.67万吨增加到51.89万吨，呈现稳步增长趋势（表1-4）。在20世纪60年代以前，世界树莓产业有西欧、北美、东欧三大中心。近几年，总产量增长缓慢。在国际市场上树莓鲜果价格近年来一直比较稳定，而速冻果因其需求的增加和速冻工艺的改进，价格不断提高。国际市场上生产的树莓果95%将进入深加工领域，只有5%进入鲜食市场。全球树莓深加工产品已达100多种类、数千品种，形成遍及全球的产品供应链。树莓不仅被直接用于各类食品加工业，如果汁、果酱、果粉、果酒、糕点等，而且被开发运用于美容、香精、减肥、染料、医药等多种领域。如利用树莓子生产出药用

表 1-4 世界部分国家 1999—2008 年树莓年产量及世界总产量　（单位:吨）

国家＼年份	1999	2000	2001	2002	2003	2004	2005	2006	2007	2008
俄罗斯	120 000	130 000	140 000	165 000	150 000	170 000	170 000	175 000	175 000	110 000
塞尔维亚	60 000	56 059	77 781	94 366	79 471	91 725	84 331	79 680	76 991	84 299
美国	49 351	51 256	51 982	51 710	62 142	71 941	82 826	74 843	64 773	53 342
波兰	39 234	39 727	44 818	44 874	42 941	56 800	60 000	52 539	56 391	81 552
德国	35 500	33 700	29 200	29 700	20 600	20 034	7 000	7 196	6 191	5 334
加拿大	15 650	16 247	11 658	14 880	14 236	13 828	14 152	12 442	11 517	11 825
匈牙利	22 277	19 804	13 306	9 847	9 258	8 470	6 724	11 900	6 166	6 304
英国	11 000	9 800	7 700	7 300	8 500	10 000	12 200	12 220	13 452	14 000
法国	7 020	8 743	8 549	7 971	6 830	6 875	5 742	6 274	5 716	6 220
西班牙	2 000	2 500	3 200	4 500	4 500	6 000	7 000	7 500	10 000	10 000
罗马尼亚	4 287	2 390	3 990	1 000	2 000	1 200	2 200	2 200	2 200	2 200
世界树莓总产量	396 731	408 705	432 284	472 305	445 527	515 632	510 448	518 998	500 078	459 809

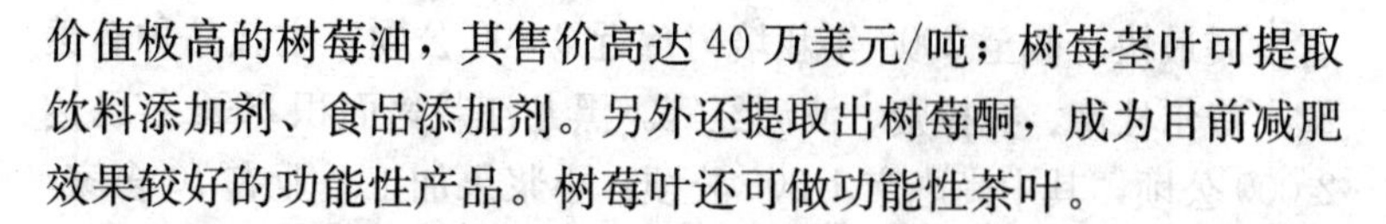

价值极高的树莓油，其售价高达40万美元/吨；树莓茎叶可提取饮料添加剂、食品添加剂。另外还提取出树莓酮，成为目前减肥效果较好的功能性产品。树莓叶还可做功能性茶叶。

二、中国树莓生产概况

我国栽培树莓始于20世纪初期，栽培品种绝大多数引自美国、俄罗斯、波兰等国。1980年以前只有东北黑龙江尚志县石头河子、一面坡等局部地区栽培。1980—2000年，由沈阳农业大学、吉林农业大学和中国科学院南京植物园等单位，先后从俄罗斯和美国引进了一些品种，开展了树莓品种引进、栽培推广以及相关科研工作。进入21世纪以后，沈阳农业大学、吉林农业大学、中国林业科学研究院森林生态环境与保护研究所开展了大量树莓引种、栽培、育种及栽培示范和推广工作。

近十年来随着国际市场需求量的增加及我国农业产业结构的调整，部分公司在政府的支持下开始和农民协作栽培树莓，并取得了较好的经济效益，全国树莓栽培面积快速增长，其中辽宁、黑龙江地区发展较快，成为中国树莓生产的两大主产区。截至2008年，辽宁树莓栽培面积近3 330公顷，主要集中在沈阳市东陵区、法库县、丹东凤城市、大连庄河市、阜新阜蒙县等市县区。沈阳市的树莓种植面积全国最大、产量最多，发展了自己的主栽品种，而且高产地块单产达到22 500千克/公顷，这些指标均处于我国领先水平。同时，在北京、新疆、山东、河南等地开始少量种植树莓，近年来湖北、安徽、四川、云南也有少部分科研和企业单位引种树莓。

国内外市场的需求推动了我国的树莓栽培，我国树莓产业可以充分发挥劳动力廉价的优势，以低成本、高质量的优势产品参与国际市场，形成一个出口创汇产业。

从2003年开始，东北地区已将树莓列入重点扶持项目，辽宁省发展最快。截至2008年栽培树莓近3 300公顷，主栽品种有美22、费尔杜德、托拉蜜、澳洲红等。黑龙江栽培面积2008年已达2 000公顷，其中尚志市1 300公顷，小浆果加工企业有10多家，年加工能力20 000～30 000吨，年出口速冻鲜果3 000～20 000吨，主要出口到智利、韩国、秘鲁、新西兰等国家。

2008年中国树莓行业发展迅速，生产栽培管理技术日益成熟。2008年，全国树莓总产量已达2万吨。树莓种植规模的不断扩大，带动了一批具有储运、加工、出口能力的树莓龙头加工企业的迅速发展。国产深加工产品也开始小批量进入国内外市场。

随着我国加入世界贸易组织（WTO），国外市场的需求拉动了我国树莓种植产业。国内消费水平的提高以及树莓新产品生产技术及品质的提高使得树莓产业在我国的发展具有广阔的市场空间，我国树莓生产面积及产量已经形成稳步增长的趋势。

三、存在问题及发展方向

处于发展初期的中国树莓产业还存在一些问题。①缺乏深加工能力：目前树莓果品大部分用于速冻出口，而树莓果品销售价格相对较高的自采鲜果、超市鲜果以及可提高附加值的加工品销售方法尚属空缺。目前，国际市场上对树莓加工制品，特别是深加工制品需求量极大，而我国的树莓加工能力特别是深加工能力较低。②栽培品种单一：生产上目前均为少数几个夏季结果型品种，虽然给栽培管理带来好处，但导致果实采收期过于集中，并造成采收成本高，果品销售价格低。并且由于多年种植，植株很易感染多种病毒，造成植株生长发育不良，果实变小，畸形果多，品质下降，商品性差，产量降低。③栽培管理技术滞后：由于近几年来树莓栽培效益较高，有些地区种植者盲目扩大面积，没有一套切实可行的配套技术，栽培管理粗放，栽培模式单一，对树莓病害的发生规律及防治方法不了解，造成病害流行，减产严重。④缺乏自主品种：我国生产上栽培的树莓品种，多数是从国外直接引种，没有充分挖掘利用我国的野生资源。我国野生树莓资源丰富，但是缺乏系统的研究和开发利用，甚至存在掠夺性、破坏性利用，造成野生资源的流失。

为保障树莓产业健康发展，首先需注意实行区域差别化种植，即根据当地自然、交通和市场条件，选择适宜品种。①因地制宜合理选择搭配品种：虽然树莓适应性强，但各地引种及栽培仍需有选择地种植。在品种选择上也要考虑国际市场对果实质量的要求，根据生产目的合理选择品种，避免盲目栽培，合理搭配早、中、晚熟品种以及鲜食与加工品种。加强栽培管理技术相关研究，尽快创建配套规范标准化生产技术体系。②加强相关配套设施建设：树莓果实不耐贮运，在常温条件下货架期不足3天。浆果成熟后，稍受挤压即破裂出汁。因此，大规模发展树莓生产必须重视加工能力，积极吸引食品加工企业介入是促进树莓产业开发的重要途径。以公司为核心，与农户合作建立种植基地规模种植，与加工企业联合进行系列产品加工开发。

第三节　穗醋栗和醋栗

穗醋栗（currant）为虎耳草科（Saxifragaceae）茶藨子属（*Ribes*）茶藨子亚属（Subgen *Ribes*）的多年生小灌木。株丛高1.0～1.5米，果实为浆果，成串着生在果枝上，故名穗醋栗。我国古书上称其为茶藨子，又名黑豆果、黑果茶藨。

醋栗（*Ribes* spp.）也称灯笼果或茶藨子，属于虎耳草科茶藨子属醋栗亚属。

一、世界穗醋栗和醋栗生产概况

穗醋栗和醋栗是世界上最重要的小浆果类果树之一，也是近年来发展较快的果树树种之一。它们适合于冷凉气候地区栽培，主要分布于北半球温带地区。穗醋栗主要分布在北半球气候冷凉的地方，以北纬45°左右为适宜地区。全球主要栽培穗醋栗地区有欧洲、北美、中国的东北和新疆。世界上栽培穗醋栗的国家约40个，主要集中在欧洲，其中北欧的丹麦和瑞典以红穗醋栗栽培为主，东欧的波兰以黑穗醋栗栽培为主。全世界穗醋栗种植面积和产量居前列的依次是波兰、俄罗斯、德国、英国、瑞典。黑穗醋栗在国外主要用于果汁饮料生产，其次是加工成果酱、果糖、果酒或鲜食。醋栗的栽培和利用已有400多年的历史，最早是在法国、英国这些西欧国家开始的，而后传遍世界各地。目前世界醋栗主要栽培于气候冷凉地区。前苏联集中在莫斯科、圣彼得堡和高尔基等地。法国、英国、波兰、荷兰、保加利亚、比利时等国家都有较多的栽培。在美国、新西兰和澳大利亚仅有少量栽培。据联合国粮农组织（FAO）数据统计，2008年俄罗斯醋栗产量最高，达到4.3万吨，其次为德国、波兰、乌克兰等国家（图1-1）。

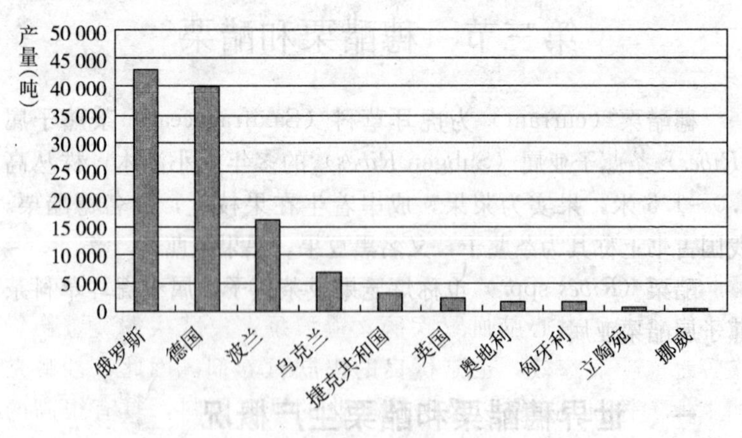

图1-1　2008年世界各国醋栗产量

二、中国穗醋栗和醋栗生产概况

我国是茶藨原产地之一，古时候人们习惯采果鲜食，作为药材利用，但未引入栽培。1917年前后，俄国侨民迁入我国时带来穗醋栗和醋栗，在黑龙江省滨绥铁路线落户，集中在尚志、阿城、海林。当时只是私人小面积栽培，消费及加工量很少。新中国成立以后得到党和政府的重视，特别是近20年来，穗醋栗和醋栗生产迅速发展起来，生产上主要以黑穗醋栗为主。据不完全统计，截至2009年，全国黑穗醋栗种植面积约1 730公顷，年产果1.3万吨。加工产品种类由原来的果汁、果酒、果酱等发展到色素提取、生物制药、果实制干、烘制茶叶等综合开发，产品质量大大提高，企业的市场竞争与开拓能力进一步增强。目前，80%的鲜果以速冻果形式供应国内外市场，浓缩果汁也有相对稳定的国内外市场。

第四节　沙　棘

沙棘（sea buckthorn）是胡颓子科（Elaeagnaceae）沙棘属（*Hippophae*）植物，又名醋柳、酸刺、酸溜溜、黑刺、戚阿艾等，为落叶灌木或小乔木。沙棘是一种珍贵的植物资源，沙棘的根、茎、叶、果实已检测出有生物活性的物质200多种，包括蛋白质、氨基酸、脂肪、脂肪酸、维生素、磷脂、有机酸等，特别是黄酮类物质，有防癌、治癌的作用。此外有些物质对心脑血管疾病、胃溃疡、皮肤疾病、烫伤烧伤等都有明显疗效，也是优良的皮肤营养剂。因此，沙棘是加工保健饮料、食品以及医药工业的重要原料，具有很高的经济价值。

一、世界沙棘发展概况

沙棘分布广泛，欧洲、亚洲的温带均有分布。由于具有较高的营养保健价值、良好的生态价值和较高的经济价值，其研究和开发利用受到世界上很多国家的重视。在沙棘资源与开发利用方面，前苏联已有70多年的历史，处于世界领先地位。1933年里萨文科院士开始了沙棘新品种选育，经过70年的努力，已选育出了100多个大果沙棘优良品种。蒙古国的沙棘研究始于20世纪60年代初。1964年布·拉根开始了沙棘良种选育，1979年选育出乌兰格木、泰勒和强格曼等优良品种。芬兰重视沙棘资源的保护，在沙棘生态学、分类学、食品化学及加工等方面都有较深入的研究。Arne Rousi对沙棘属植物的分类学研究作出了重要贡献。

20世纪50年代，国外就开始了沙棘固氮生物学研究；20世纪60年代以来，俄罗斯在沙棘的良种选育和果实加工利用方面得到了迅速发展；20世纪70年代以来，蒙古国、波兰、德国、芬兰、意大利、罗马尼亚、加拿大、美国等对沙棘的生物学特性、保水保土、提高土壤肥力、维持生态平衡等方面做了大量研究。

二、中国沙棘发展概况

我国是世界上沙棘资源最多的国家，沙棘广泛分布于西北、西南、华北、东北等地区的山西、陕西、内蒙古、河北、甘肃、宁夏、辽宁、吉林、黑龙江、青海、四川、云南、贵州、新疆、西藏等近20个省（市、自治区）。我国沙棘利用的历史悠久，远在8世纪末的藏医学典籍《四部医典》和清代的藏医药典籍《晶珠本草》中均收集和记述了许多沙棘在医疗和医药方面的应用资料。直到20世纪初，俄国人开始研究《四部医典》，并探讨沙棘在藏药合剂中的协调机理和单一成分的特殊药性，才逐渐将沙棘实用性开发利用的重点转向医用性研究和更进一步的开发利用。

我国现代沙棘研究及开发的兴起在20世纪80年代后期，起步虽晚，但发展速度极快。据统计，1993年资源保存总面积为113.3万公顷。1985年以来，全国共营造人工沙棘林133万公顷，平均每年营造人工沙棘林8万公顷。截至2001年，全国沙棘总面积达到200多万公顷，占世界沙棘种植面积的90%以上，我国已经成为世界沙棘种植大国。

1985年，国家在全国水土保持领导小组下设了全国沙棘协调办公室，联合发改委及农业、水利、林业、农业等部门和多学科的专家，系统地开展沙棘综合利用，已开发出了食品饮料、医药保健、日化、饲料、饵料等八大类约200多种产品，年产值3亿～5亿元；初步建立了与前苏联、蒙古、芬兰、瑞典、匈牙利、日本、印度、尼泊尔、不丹、加拿大、美国、玻利维亚、南非、东南亚等国家和地区以及世界银行（World bank，WB）、联合国开发计划署（United nations development program，UNDP）、国际山地综合发展中心（International center for integrated mountain development，ICIMOD）等国际组织的交流与合作；重点组织了全国多行业的专家进行沙棘良种选育、旱地育苗、高产栽培、飞播造林、沙棘油提取及其标准制订、医药保健等领域的深入研究，并逐步应用于生产生活之中。

但我国野生及种植的沙棘多数果粒太小、枝刺太多、产量偏低、采摘困难、经济价值较低。分布于新疆阿尔泰地区的蒙古沙棘虽然果粒较大、枝刺较少，但由于未经人工选育，利用受到限制。20世纪中期，我国开始从前苏联引种，特别是引进大果、无刺、高产沙棘品种，并在黑龙江、吉林、辽宁、新疆、宁夏、甘肃、山东等地试栽，并陆续选育出一些沙棘优良栽培品种，进一步推动了我国沙棘种植业的发展。

三、存在问题及发展方向

目前，我国沙棘栽培存在的主要问题是栽培技术落后，如仍以实生方式繁育苗木、定植时雌雄株比例配置不合理、定植后管理粗放、采收方法原始等。

种植类型和品种单一，不能根据栽培目标选择具有不同用途的优良品种。种植的种类仅为中国沙棘亚种和中亚沙棘亚种。而这 2 个亚种都具棘刺多、果小、果柄短、难采摘等缺点。单一的种植类型和品种与落后的栽培技术组合，很难取得理想的效果。

病虫害严重。近年来，部分沙棘分布区暴发的大面积沙棘木蠹蛾灾害，造成 16 万公顷的沙棘林受害，成为沙棘开发利用的主要限制性因素之一，对沙棘开发利用事业造成巨大损失。

科学的科研体系框架没有形成。基础研究十分薄弱，科技含量相对较低，产业发展后劲不足。实质性国际合作有待提高。产品加工的高科技含量低。由于科研滞后，使加工业生产的产品水平和档次低，市场份额小，沙棘资源开发利用的程度低。市场培育较薄弱。由于从业者市场经验不足，市场营销策略和战略设计与实际相差较大，市场认可度较低。

第五节 五 味 子

五味子［*Schisandra chinensis*（Turcz）Baill］别名山花椒、乌梅子，为木兰科五味子属落叶木质藤本植物，主要分布于我国的东北、朝鲜半岛及俄罗斯的远东地区，此外，日本和我国的华北、华东各省亦有分布。主产于我国东北和河北部分地区的五味子果实干品，商品习称“北五味子”，是我国地道的名贵中药材，对人体具有益气、滋肾、敛肺、固精、益脾、生津、安神等多种功效，主治肺虚咳嗽、津伤口渴、自汗盗汗、神经衰弱、久泻久

痫、心悸失眠、多梦、遗精遗尿等症。五味子除药用外还可用于生产果酒、果酱、果汁饮料和保健品等，在国内外市场均深受消费者的青睐。

一、生产现状

从20世纪70年代开始，一些科研单位和企业开始了五味子的驯化种植研究，经过近40年的实践，目前基本掌握了五味子的栽培特性，使五味子的大面积人工栽培成为可能。人们已经掌握了种子的层积处理和播种繁殖技术，确立了适宜栽培架式，在病虫害发生规律、防治方法、无性繁殖技术、新品种选育及配套栽培技术等方面取得一系列的成功经验和研究成果，使五味子的栽培技术日臻完善，栽培规模不断扩大，栽培效益不断提高。据估算，目前我国的五味子栽培面积15 000公顷左右，年产五味子鲜果4万吨。

二、存在问题及发展方向

目前，五味子的人工栽培主要采用实生苗栽培，已形成多种实生苗建园的栽培模式。由于五味子的种子多来源于野生或人工栽培的混杂群体，实生后代的变异非常广泛，不同植株间在品质、抗性、丰产稳产性及生物学特性等方面均存在较大差异，不利于规范化栽培和品质的提高，增产潜力亦有限。

一些五味子栽培园每667米^{2}产量已达到200～250千克（干品），最高可达450千克。但是，由于管理技术方面的问题，五味子的丰产性和稳产性等还存在较大差异。从栽培现状看，其稳产性是困扰其栽培产业发展的一大技术难题，如果实负载量过大，五味子的花芽分化质量和树势则表现不佳，雌花分化比例低、树体衰弱，隔年结果甚至死树现象都很严重。

人们早已认识到品种化在五味子栽培产业中的重要意义，先后选育出“红珍珠”等多个五味子品种（品系），并在组织培养、扦插繁殖、嫁接繁殖等无性繁殖方法的研究方面进行了研究并取得进展。经开展广泛资源调查，已发现丰产稳产、抗病、大粒、大穗、黄果、紫黑果等多种优良的五味子种质资源。利用已取得的五味子无性繁殖技术成果，结合田间调查和野生选种，高效繁殖五味子的优良类型，使之尽快应用于生产，是促进五味子产业健康发展的必由之路。

第六节　蓝　靛　果

蓝靛果（blue honeysuckle）是忍冬科（Caprifoliaceae）忍冬属（*Lonicera*）蓝果亚组多年生落叶小灌木。我国广泛分布着其变种蓝靛果忍冬，简称蓝靛果。目前只有俄罗斯、日本、中国、美国和加拿大等少数国家开展了蓝靛果育种及驯化栽培工作，开发利用时间较短，是继草莓、树莓、黑穗醋栗、醋栗、蓝莓、沙棘等之后又一新兴的小浆果树种。

一、国内外研究及开发利用现状

蓝靛果作为一种浆果作物并不为人们所熟悉，主要原因是在忍冬属的大约 250 个种中，仅有少数几个种属于蓝果亚组，而风味好、可以食用的种类更少，并且这些种类只分布在前苏联、日本、中国和朝鲜。对蓝靛果食用价值的认识可以追溯到 200 年以前，但真正作为一种小浆果树种进行育种、栽培等开发利用的时间不过 50 多年的历史。

俄罗斯是对蓝靛果开发利用最早、历史最长的国家。19 世纪末期，T. Д. Мауритц 首先优选野生种类，然后进行人工栽培。他在 1892 年编写的《果树栽培》一书中首次阐述了自己总

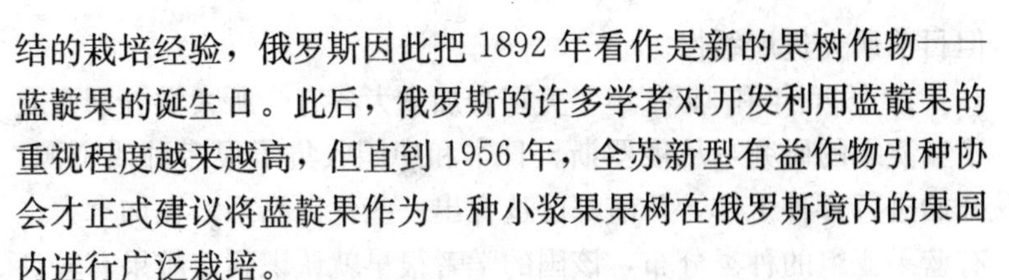

结的栽培经验，俄罗斯因此把 1892 年看作是新的果树作物——蓝靛果的诞生日。此后，俄罗斯的许多学者对开发利用蓝靛果的重视程度越来越高，但直到 1956 年，全苏新型有益作物引种协会才正式建议将蓝靛果作为一种小浆果果树在俄罗斯境内的果园内进行广泛栽培。

目前，俄罗斯有许多研究机构在从事蓝靛果的研究。到 2009 年初，已在国家登记注册的品种共有 85 个，其栽培范围已遍及全国，与树莓、黑穗醋栗等小浆果一样深受人们喜爱，但目前仅限于个人农场和居民庭院小面积栽培，果实主要用来加工果酱、果酒和鲜食。

日本的蓝靛果主要分布在北海道、山形、秋田、长野等地。开发利用最早和最好的地区是北海道，当地的居民很早就将采集回来的野生果实用盐、糖或白酒腌渍，然后保存起来在冬季食用，一度还把它当作“长寿不老的灵丹妙药”，视为极其珍贵之物。每年果实成熟季节，会看到很多当地居民全家在野外采集的场景。为保护资源，苫小牧市农协号召当地居民移栽野生植株，由此 1953 年在日本开始进行人工栽培。邻近的千岁市以前一直在寻找效益高的水田轮作作物，后来千岁市农协发现蓝靛果数量稀少、价格高，且能忍受低温等恶劣的气候条件，于是 1977 年选定蓝靛果在农田进行人工栽培，种植面积也迅速增加。1978 年成立了蓝靛果协会，开始进行栽培技术、品种选育和加工技术的研究。1981 年产量形成了一定规模。次年，千岁市农协与当地企业联合将其加工成冰激凌、浓缩果汁、果酱、果冻、果酒等产品，全面实行了产业化，开始生产极具地域特色的蓝靛果产品。1989 年，当地农协又成立了北海道蓝靛果协会，发展了很多会员，并利用组织培养方法繁殖了大量苗木，分发给种植户。1991 年，北海道的栽培面积已达 169 公顷，产量 194.5 吨。作为重要的乡土树种之一，蓝靛果已被列入 2000 年实施的北海道果树振兴计划当中。1996 年日本选育出本国第一个蓝靛果品种，但目前研究进展缓慢。

在1996年和1998年，美国和加拿大各有一所大学分别开展了蓝靛果的研究，从俄罗斯、日本和中国收集了很多种质资源，开始进行育种工作，目前都已选育出一些优良品系。在加拿大也有蓝果亚组的种类分布，该国的学者很早就认识到蓝靛果有较高的利用价值，认为它与蓝莓的营养成分相似，而且可以替代蓝莓在弱酸或弱碱性的土壤上种植。

蓝靛果在中国东北的许多林区都有分布。由于其成熟早、风味好，当地居民很早以前就喜欢采集野果鲜食，并有用糖腌渍的习惯，认为食用后有治疗慢性支气管炎等疾病的功效，所以蓝靛果忍冬很受东北林区居民的喜爱。但蓝靛果在中国真正开发利用只有30多年的历史。最早是在20世纪70年代，黑龙江省的勃利县、密山县和吉林省长白县等地都曾用野生蓝靛果酿造果酒，其色泽鲜艳、风味独特、营养丰富，很受欢迎。

蓝靛果在中国的人工栽培始于20世纪80年代初。1982年，黑龙江省勃利县林业局在国内率先开展了野生蓝靛果忍冬驯化栽培试验，初步获得成功，并用野生种子培育了大量实生苗，在多个林场进行人工栽培。但由于没有开展育种工作，栽培技术也存在一些问题，人工栽培面积不大。

近几年，随着小浆果产业的兴起，蓝靛果日益受到关注和重视，在黑龙江和吉林省均有一些厂家收购野生蓝靛果，年收购量在1 000吨左右，用来提取天然色素，加工果酒、饮料、果酱等，也有少部分用来速冻出口。野生果实价格也逐年提高，在8～12元/千克。在黑龙江省勃利县等野生蓝靛果产区，鲜果价最高达到80元/千克，显现出良好的经济效益。

我国目前尚无栽培品种。东北农业大学于2000年开始从俄罗斯、日本和国内收集蓝靛果资源，率先正式开展了品种育种、苗木繁殖、栽培技术及资源评价、利用工作。目前通过引种和有性杂交，已选育出若干个优良品系，并建立了完整的绿枝扦插繁

殖技术体系。

二、存在问题及发展方向

对蓝靛果的研究起步较晚，这一珍贵的果树资源虽有许多突出优点，但还未被人们了解，在世界范围内仅有少数几个国家有少量栽培，尚未形成产业。我国目前暂时还没有选育出合适的栽培品种，对栽培技术也缺乏系统研究，野生资源虽分布较广，但开发利用尚局限于黑龙江省和吉林省，新疆地区也有较丰富的资源，但尚未得到有效利用。

随着小浆果在国内外越来越受到重视，蓝靛果的优点会被越来越多的人所了解和认识。尤其在“蓝莓热”的带动下，蓝靛果必将会有一个良好的发展前景。因其资源分布广泛，在我国东北、华北和西北都能找到适合蓝靛果生长的生态环境。因此可以展望，蓝靛果在我国将会成为主栽的小浆果果树之一。

第七节　软枣猕猴桃

软枣猕猴桃［*Actinidia arguta*（Sieb. et Zucc.）Planch. et Miq.］属于猕猴桃科（Actinidiaceae）猕猴桃属（*Actinidia*）多年生藤本植物，俗称软枣子、藤梨、藤瓜和猕猴桃梨。软枣猕猴桃分布甚广，遍及我国十余个省及朝鲜半岛、日本、俄罗斯等国家和地区。主要分布于我国吉林、黑龙江、辽宁、四川、云南等地区的山区、半山区，海拔 400～1 940 米都有分布。

软枣猕猴桃的果实翠绿，柔软多汁，酸甜可口，营养丰富，风味独特。已选育的栽培品种（系），果肉可溶性固形物 13%～18%，总糖 6.3%～13.9%，有机酸 1.2%～2.4%。每 100 克果肉含蛋白质 1.6 克，脂类 0.3 克，总氨基酸 100～300 毫克，维生素 B_1 0.01 毫克，尤其富含维生素 C，含量高达 450 毫克，是苹果、梨的80～100倍，柑橘的5～10倍。还含有多种无机盐和蛋白质水解酶，其主要营养成分含量位居其他水果的前列。

果实除鲜食外，还可加工成果酱、果酒、果脯、果醋和清凉饮料添加剂等，也是良好的药用植物，主要含猕猴桃碱、木天蓼醇、木天蓼醚、环戊烷衍生物等，全株可入药，具有理气、止痛功效。还是良好的蜜源植物和观赏植物。此外，软枣猕猴桃还具有抗寒、抗病虫、丰产、易栽培管理等优点，是一种经济价值较高的野生果树。

软枣猕猴桃资源多处于野生状态，人工栽培面积很少。我国东北三省自然产量超过6 000吨。为了充分利用这种野生资源，中国农业科学院特产研究所从1961年开始研究野生软枣猕猴桃驯化栽培技术和品种选育工作。对其生物学特性、物候期、生长结果习性、生长环境条件、栽培管理技术、繁殖技术等进行了大量研究工作，研究出配套丰产大面积栽培技术体系，选育出适宜东北地区大面积栽培、品质较好的魁绿和丰绿两个品种，以及其他一些优良品系。

第二章

小浆果消费市场质量安全标准

第一节　小浆果质量安全的市场准入标准

欧盟、日本、加拿大等世界小浆果（蓝莓、树莓和穗醋栗）主要消费市场的安全质量标准参照《主要贸易国家和地区食品中农兽药残留限量标准》和《食品中农业化学品残留量》及我国国家标准《食品中农药最大残留限量（GB2763—2005）》中与水果相关限量值作为参照形成《世界小浆果主要消费市场污染物最高残留限量标准》，见表2-1（按污染物名称的拼音字母顺序排列）。

表2-1　世界小浆果主要消费市场污染物最高残留限量标准

（单位：毫克/千克）

污染物名称	小浆果*	蓝莓			树莓			穗醋栗	
	中国	欧盟	日本	加拿大	欧盟	日本	加拿大	欧盟	加拿大
1，1-二氯-2，2-二（4-乙苯）乙烷		0.01	0.01		0.01			0.01	
1-萘乙酸			0.1			0.1			
2，4，5-涕		0.05	不得检出		0.05	不得检出		0.05	
2，4-滴		0.05	0.1		0.05	0.1		0.05	
2甲4氯丙酸			3			3			
2甲4氯丁酸			0.2			0.2			

（续）

污染物名称	小浆果*	蓝莓			树莓			穗醋栗	
	中国	欧盟	日本	加拿大	欧盟	日本	加拿大	欧盟	加拿大
阿维菌素		0.01	0.01		0.1	0.01		0.01	
矮壮素		0.05	0.05		0.05	0.05		0.05	
艾克敌		0.3	1	0.5	0.3	1	0.5	0.3	0.5
安果		0.02	0.02		0.02	0.02		0.02	
氨磺乐灵		0.01	0.08			0.08		0.01	
胺磺铜			20			20			
霸草灵			0.1			0.1			
百草枯		0.02	0.05		0.02	0.05		0.02	
百菌清	0.5	0.01	1	0.6		10		10	
百克敏		0.5	1	3.5	1	1	3.5	0.5	3.5
倍硫磷	0.05	0.01			0.01			0.01	
苯草酮			0.05			0.05			
苯胺灵		0.05			0.05			0.05	
苯丁锡	5	0.05	1		5	10		0.05	
苯硫威			0.5			0.5			
苯醚甲环唑			5			5			
苯醚菊酯			0.02			0.02			
苯达松			0.05	0.05		0.02			
苯霜灵		0.05	0.05		0.05	0.05		0.05	
苯氧威			0.05			0.05			
吡虫清		0.01	5		0.01	5		0.01	
吡虫啉		0.05	3	1		3	2.5	3	
吡氟禾草灵			0.2	0.1		0.2			
吡氟氯禾灵			0.05			0.05			
吡氟草胺			0.002			0.002			

（续）

污染物名称	小浆果*	蓝莓			树莓			穗醋栗	
	中国	欧盟	日本	加拿大	欧盟	日本	加拿大	欧盟	加拿大
吡螨胺			2			2			
吡喃草酮			0.05			0.05			
吡嘧磷		0.05	0.05		0.05	0.05		0.05	
吡蚜酮		0.02	1		3	1		0.5	
苄草隆			0.02			0.02			
苄草唑			0.02			0.02			
苄呋菊酯			0.1			0.1			
苄嘧磺隆			0.02			0.02			
丙草丹			0.1			0.1			
丙环唑		0.05	1	0.7	0.05	0.05	0.7	0.05	0.7
丙硫克百威		0.05	0.5		0.05	0.5		0.05	
丙炔氟草胺		0.05	0.1		0.05	0.1		0.05	
丙线磷			0.005			0.005			
丙溴磷		0.05	0.05		0.05	0.05		0.05	
残杀威		0.05	1		0.05	1		0.2	
草胺磷			0.1			0.1			
草甘膦	0.1	0.1	0.2		0.1	0.2		0.1	
赤霉素			0.2			0.2			
除虫菊酯			1	1		1	1		1
除虫脲			0.05			0.05			
哒草伏			0.2			0.2			
哒螨灵			2		1	2			
哒嗪硫磷			0.1			0.1			
哒菌酮			0.02			0.02			
代森环			0.6			0.6			

（续）

污染物名称	小浆果*	蓝莓			树莓			穗醋栗	
	中国	欧盟	日本	加拿大	欧盟	日本	加拿大	欧盟	加拿大
代森锰锌	5								
单克素			0.1			0.1			
稻丰散			0.1			0.1			
稻瘟灵			0.1			0.1			
达诺杀			0.05			0.05			
滴滴涕	0.05	0.05	0.5		0.05	0.5		0.05	
狄试剂和艾氏剂（总量）			0.05			0.05			
敌百虫	0.1		0.5			0.5			
敌稗			0.1			0.1			
敌草腈			0.2			0.2			
敌草快		0.05	0.03		0.05	0.03		0.05	
敌草隆			0.05			0.05			
敌敌畏	0.2	0.01			0.01			0.01	
敌敌畏和二溴磷（总量）			0.1			0.1			
敌菌丹		0.02	不得检出		0.02	不得检出		0.02	
敌菌灵			10	10		10	5		10
敌杀磷		0.05	0.05		0.05	0.05		0.05	
地散磷			0.03			0.03			
碘苯腈		0.05	0.1		0.05	0.1		0.05	
丁呋喃			0.2			0.2			
丁醚脲			0.02			0.02			
丁噻隆			0.02			0.02			
丁酰肼		0.02	不得检出		0.02	不得检出		0.02	

（续）

污染物名称	小浆果*	蓝莓			树莓			穗醋栗	
	中国	欧盟	日本	加拿大	欧盟	日本	加拿大	欧盟	加拿大
啶斑肟			1			1			
啶虫丙醚			0.02			0.02			
啶酰菌胺			3.5	3.5		3.5	3.5		3.5
毒虫畏		0.02	0.05		0.02	0.05		0.02	
毒杀芬		0.1			0.1			0.1	
毒死蜱	1	0.05	1		0.5	0.2		1	
对氯苯氧乙酸			0.02			0.02			
对硫磷	0.01	0.05	0.5	1	0.05	0.5	1	0.05	1
多果定			0.2			0.2			
多菌灵	0.5								
多菌灵、托布津、甲基托布津、苯菌灵（总量）		0.1	3		0.1	3		0.1	
多效唑			0.5			0.5			
噁霉灵			0.5			0.5			
噁咪唑延胡索酸酯			5			5			
噁霜灵			1			1			
噁唑禾草灵			0.1			0.1			
噁唑菌酮		0.02	2		0.02	2	10	0.02	
噁唑磷			0.2			0.2			
二苯胺		0.05	0.05		0.05	0.05		0.05	
二甲嘧菌胺			10			10			
二氟吡隆			0.05			0.05			
二硫代氨基甲酸盐类			5			5			

（续）

污染物名称	小浆果*	蓝莓			树莓			穗醋栗	
	中国	欧盟	日本	加拿大	欧盟	日本	加拿大	欧盟	加拿大
二氯乙烯			0.01			0.01			
二氯异丙醚			0.2			0.2			
二嗪磷		0.01	0.1			0.2		0.01	
二氰蒽醌			0.5			0.5			
二硝甲酚		0.05			0.05			0.05	
二溴乙烯			0.01			0.01			
二溴乙烷		0.01			0.01			0.01	
呋吡菌胺			0.1			0.1			
呋虫胺			10			10			
呋线威		0.05	0.1		0.05	0.1		0.05	
伏草隆			0.02			0.02			
伏虫隆			1			1			
伏杀硫磷			1			1			
粉锈啉		1	0.05		1	1		1	
砜吸磷			0.02			0.02			
氟丙菊酯			2			2			
氟丙氧脲			0.02			0.02			
氟草烟			0.05			0.05			
氟虫清			0.01			0.01			
氟虫脲		0.05	2		0.1	2			
氟定脲			2			2			
氟啶胺			0.5			0.5			
氟啶草酮			0.1			0.1			
氟啶嘧磺隆		0.02			0.02			0.02	
氟硅菊酯			0.05			0.05			

（续）

污染物名称	小浆果*	蓝莓			树莓			穗醋栗	
	中国	欧盟	日本	加拿大	欧盟	日本	加拿大	欧盟	加拿大
氟菌唑			2			2			
氟乐灵			0.05			0.05			
氟铃脲			0.02			0.02			
氟氯氰菊酯		0.02	0.02		0.02	0.02		0.02	
氟氰戊菊酯	0.5	0.05	0.05		0.05	0.05		0.05	
氟酮唑草		0.01	0.1		0.01	0.1		0.01	
氟唑虫清			5			5			
福美双		0.1			0.1			0.1	
福美铁				7			7		7
福美锌		0.1		7	0.1		7	0.1	7
福赛得			70			70			
腐霉利	5	0.02	5		10	10		0.02	
硅氟唑			5			5			
禾草敌		0.05	0.02		0.05	0.02		0.05	
环丙酰菌胺			0.1			0.1			
环丙唑醇			0.5			0.5			
环草啶			0.3			0.3			
环虫酰肼			1			1			
环氟菌胺			5			5			
环酰菌胺			20			3			
磺草灵			0.2			0.2			
己唑醇			0.5			0.5			
甲胺磷		0.01	0.01		0.01	0.01		0.01	
甲拌磷		0.05	0.05		0.05	0.05		0.05	
甲苯氟磺胺		5	20		5	5		5	

（续）

污染物名称	小浆果*	蓝莓			树莓			穗醋栗	
	中国	欧盟	日本	加拿大	欧盟	日本	加拿大	欧盟	加拿大
甲草胺			0.01			0.01			
甲磺草胺			0.05			0.05			
甲磺隆		0.05			0.05			0.05	
甲基虫螨磷			0.1			1			
甲基毒死蜱		0.05	0.05		0.05	0.05		0.05	
甲基谷硫磷			5			1			
甲基代森锌		0.05			0.05			0.05	
甲基对硫磷		0.02	0.2		0.02	0.2		0.02	
甲基立枯磷			0.1			0.1			
甲基硫菌灵		0.1			0.1			0.1	
甲基嘧啶磷		0.05			0.05			0.05	
甲基噻吩磺隆		0.05			0.05			0.05	
甲基内吸磷			0.4			0.4			
甲基乙拌磷			0.05			0.05			
甲菌定			0.1			0.1			
甲硫威			0.05			0.05			
甲萘威		0.05		7			10	0.05	
甲氰菊酯	5		5			5			
甲霜灵				2			0.2		
甲霜灵和精甲霜灵（总量）		0.05	1		0.05	0.2		0.05	
甲氧虫酰肼		0.02	2		0.02	2		0.02	
甲氧滴滴涕		0.01	7	14	0.01	7	14	0.01	14
腈苯唑			5			5			
腈菌唑			1			1			

（续）

污染物名称	小浆果*	蓝莓			树莓			穗醋栗	
	中国	欧盟	日本	加拿大	欧盟	日本	加拿大	欧盟	加拿大
腈嘧菌酯		0.05	10		3	10		0.05	
卡呋菊酯			0.1			0.1			
抗倒酯			0.02			0.02			
抗蚜威		1	0.5			0.5		1	
克百威			0.3			0.3			
克菌丹	15	0.02	20	5	3	20	5	3	
克氯得		0.05	0.05		0.05	0.05		0.05	
克线磷		0.02	0.02		0.02	0.06		0.02	
枯草隆		0.05	0.05		0.05	0.05		0.05	
喹禾灵			0.05			0.05			
喹啉铜			2			2			
喹硫磷		0.05	0.02		0.05	0.02		0.05	
乐果	1	0.02	1	1	0.02	1		0.02	
乐杀螨		0.05			0.05			0.05	
利谷隆		0.05	0.2		0.05	0.2		0.05	
联苯肼酯		0.01	0.02		0.01	0.02		0.01	
联苯菊酯	0.05		2			2			
联苯三唑醇			0.05			0.05			
邻苯二甲酸铜			5			5			
林丹		0.01	0.3		0.01	0.3		0.01	
磷胺		0.01	0.2		0.01	0.2		0.01	
磷化氢			0.01			0.01			
硫丹	1	0.05	0.5		0.05	0.5		0.05	
硫双威和灭多威（总量）		1				1			

（续）

污染物名称	小浆果*	蓝莓			树莓			穗醋栗	
	中国	欧盟	日本	加拿大	欧盟	日本	加拿大	欧盟	加拿大
六六六	0.05	0.01			0.01			0.01	
六氯苯		0.01	0.01		0.01	0.01		0.01	
六那唑		0.02			0.02			0.02	
咯菌腈		3	2	2	5	5	4.2	3	2
绿谷隆		0.05	0.05		0.05	0.05		0.05	
氯苯胺灵		0.05	0.05		0.05	0.05		0.05	
氯苯嘧啶醇	0.3	0.02	1		0.1	1		1	
氯吡嘧磺隆			0.02			0.02			
氯吡脲			0.1			0.1			
氯草灵		0.05	0.05		0.05	0.05		0.05	
氯丹		0.01	0.02		0.01	0.02		0.01	
氯氟氰菊酯		0.02			0.2			0.1	
氯菊酯	2	0.05	5		0.05	1		0.05	
氯化苦				0.025			0.025		
氯羟吡啶			0.2			0.2			
氯氰菊酯	2	0.05	0.5		0.05	0.5		0.05	
氯杀螨		0.01	0.01		0.01	0.01		0.01	
氯硝胺			20			10			
螺螨酯			5			5			
落长灵			0.04			0.04			
落灭津			0.05			0.05			
马拉硫磷	1	0.02	0.5	8	0.02	8	8	0.02	8
茅草枯			0.05			0.05			
咪酰胺		0.05	0.05		0.05	0.05		0.05	
咪唑喹啉酸			0.05			0.05			

（续）

污染物名称	小浆果*	蓝莓			树莓			穗醋栗	
	中国	欧盟	日本	加拿大	欧盟	日本	加拿大	欧盟	加拿大
咪唑乙烟酸铵			0.05			0.05			
醚苯磺隆		0.05			0.05			0.05	
密灭汀		0.05	0.5		0.05	0.5		0.05	
嘧啶磺隆		0.01	0.1		0.01	0.1		0.01	
嘧菌环胺		5	3	2	10	2	6.2	5	2
嘧螨醚			0.3			0.3			
嘧霉胺		5			10			5	
棉隆·威百亩和甲基异硫氰酸酯			0.1			0.1			
棉铃威			2			2			
灭除威			0.2			0.2			
灭多威		0.05		6	0.05			0.05	
灭菌丹		0.02	20	25	3	20	25	3	25
灭螨醌			2			2			
灭螨猛			0.3			0.3			
灭蚜磷		0.05	0.05		0.05	0.05		0.05	
灭蝇胺		0.05			0.05			0.05	
萘丙酰草胺			0.1			0.1			
皮蝇磷		0.01	0.01		0.01	0.01		0.01	
七氟菊酯			0.1			0.1			
七氯		0.01	0.01		0.01	0.01		0.01	
嗪氨灵		0.05	1		0.05	2		2	
氢氰酸			5			5			
氰戊菊酯和S-氰戊菊酯（RS/SS异构体总量）		0.02			0.02			0.02	

（续）

污染物名称	小浆果*	蓝莓			树莓			穗醋栗	
	中国	欧盟	日本	加拿大	欧盟	日本	加拿大	欧盟	加拿大
氰戊菊酯	0.2		1			1			
炔苯酰草胺		0.02	0.04		0.02	0.04		0.02	
炔草酯			0.02			0.02			
炔螨特			3			3			
壬基苯酚磺酸铜			5			5			
噻草酮			0.05			0.05			
噻虫胺			0.1			0.02			
噻虫啉		1	5		3	5		1	
噻虫嗪			5			5			
噻菌灵		0.05	3		0.05	3		0.05	
噻螨酮	0.5		1			1			
噻嗪酮			1			1			
噻唑磷		0.02	0.05		0.02	0.05		0.02	
三苯锡		0.05	0.05		0.05	0.05		0.05	
三氟氯氰菊酯			0.5			0.5			
三环锡			不得检出			不得检出			
三环唑			0.02			0.02			
三氯吡氧乙酸			0.03			0.03			
三氯杀螨醇	1	0.02	3		0.02	3		0.02	
三氯杀螨砜			1			1			
三唑醇			0.5			0.5			
三唑磷		0.01	0.02		0.01	0.02		0.01	
三唑酮	0.5		0.1			1			

（续）

污染物名称	小浆果*	蓝莓			树莓			穗醋栗	
	中国	欧盟	日本	加拿大	欧盟	日本	加拿大	欧盟	加拿大
杀草强		0.01	不得检出		0.01	不得检出		0.01	
杀铃脲			0.02			0.02			
杀螨特		0.01	0.01		0.01	0.01		0.01	
杀螨酯		0.01	0.01		0.01	0.01		0.01	
杀螟丹、杀虫蝗和杀虫环（总量）			3			3			
杀螟腈			0.2			0.2			
杀螟硫磷	0.5	0.01	0.8			0.8		0.01	
杀扑磷		0.02	0.2		0.02	0.2		0.02	
杀鼠灵			0.001			0.001			
杀鼠酮			0.001			0.001			
十三吗啉		0.05	0.05		0.05	0.05		0.05	
薯瘟锡		0.05			0.05			0.05	
双苯氟脲			0.02			0.02			
双丙氨磷			0.004			0.004			
双胍辛胺			0.5			0.5			
双甲脒	0.5	0.05	0.2		0.05	0.2		0.05	
霜脲氰			0.2			0.2			
水杨菌胺			0.1			0.1			
四氟醚唑			2			2			
四聚乙醛			1			1			
四氯硝基苯		0.05	0.05		0.05	0.05		0.05	
四螨嗪	0.5	0.02	2		3	2		0.02	
四唑嘧磺隆			0.02			0.02			

（续）

污染物名称	小浆果*	蓝莓			树莓			穗醋栗	
	中国	欧盟	日本	加拿大	欧盟	日本	加拿大	欧盟	加拿大
速灭磷		0.01	0.1		0.01	0.2	0.25	0.01	
缩节胺			2			2			
特草定			0.1			0.1			
特丁硫磷			0.005			0.005			
特乐酚			0.05			0.05			
特乐酯		0.05			0.05			0.05	
特普		0.01			0.01			0.01	
涕灭威		0.02	0.05		0.02	0.05		0.02	
调环酸钙盐		0.05	2		0.05	2		0.05	
蚊蝇醚			1		0.05	0.1		0.05	
五氯硝基苯		0.02	0.02		0.02	0.02		0.02	
戊菌隆			0.1			0.1			
戊菌唑		0.05	0.2		0.05	0.2		0.05	
西玛津		0.1	0.2			0.2		0.1	
西维因			7			10			
烯丙苯噻唑			0.03			0.03			
烯啶虫胺			5			5			
烯禾定			4	4		5	5		
烯菌灵		0.02	0.02		0.02	2		0.02	
烯酰吗啉			5			5			
硝草胺			0.05			0.05			
辛硫磷	0.05		0.02			0.02			
溴化物			20			20			
溴螨酯	2	0.05	2		0.05	2		0.05	
溴氰菊酯和四溴菊酯			0.5			0.5			

（续）

污染物名称	小浆果*	蓝莓			树莓			穗醋栗	
	中国	欧盟	日本	加拿大	欧盟	日本	加拿大	欧盟	加拿大
溴氰菊酯	0.05	0.05			0.5			0.2	
溴鼠灵			0.001			0.001			
蚜灭磷			0.05			0.05			
亚胺菌			20			20			
亚胺硫磷		10	10	5		0.1		0.05	
亚胺唑			5			5			
烟嘧黄隆			0.05	0.05					
燕麦敌			0.05			0.05			
燕麦灵		0.05	0.05		0.05	0.05		0.05	
燕麦清		0.05	0.05		0.05	0.05		0.05	
氧化萎锈灵			10						
氧化乐果			1			1			
野麦畏			0.1			0.1			
乙丁烯酰磷			0.05			0.05			
乙拌磷		0.02	0.05		0.02	0.05		0.02	
乙虫清			0.02			0.02			
乙基溴硫磷		0.05	0.05		0.05	0.05		0.05	
乙硫磷		0.01	0.3			0.3		0.01	
乙螨唑			1			1			
乙霉威			5			5			
乙嘧硫磷			0.2			0.2			
乙氰菊酯			0.2			0.2			
乙烯菌核利		0.05	5		0.05	5		0.05	
乙烯利		0.05	20	10		2		0.05	
乙酰甲胺磷	0.5	0.02			0.02			0.02	

（续）

污染物名称	小浆果*	蓝莓			树莓			穗醋栗	
	中国	欧盟	日本	加拿大	欧盟	日本	加拿大	欧盟	加拿大
乙氧喹啉			0.05			0.05			
乙酯杀螨醇		0.02	0.02		0.02	0.02		0.02	
异狄氏剂		0.01	0.01		0.01	0.01		0.01	
异恶草酮			0.02			0.02			
异噁隆		0.05	0.02		0.05	0.02		0.05	
异菌脲	5	10	15		10	5	10	10	
抑草磷			0.05			0.05			
抑虫肼			3			2			
抑菌灵			15			15			
抑芽丹		0.2	0.2		0.2	0.2		0.2	
因灭汀			0.1			0.1			
吲哚羧酸酯		5		4			20	5	4
吲哚酮草酯		0.05	0.05		0.05	0.05		0.05	
吲熟酯			5			5			
英拜除草剂			0.1			0.1			
莠灭净			0.4			0.4			
莠去津			0.02			0.02			
增效醚			8	8		8	8		8
仲丁胺			0.1			0.1			
仲丁威			0.3			0.3			
唑螨酯			0.02		0.5	0.02		0.5	
唑呋草			0.04			0.04			

注：小浆果*参照《食品中农药最大残留量（GB 2763—2005）》。

第二节　不同市场准入标准中农药残留限量的比较分析

中国2005年修订的国家标准——《食品中农药最大残留限量（GB 2763—2005)》共规定了38种农药在包含小浆果水果相关食品中的最高残留限量标准。日本从2006年5月29日开始正式实施的农业化学品残留物“肯定列表制度”，涉及小浆果农药残留的规定包括：①蓝莓不得检出的农药：2，4，5-涕、杀草强、丁酰肼，树莓不得检出的农药三环锡等；②免于制定标准的农药：碳酸氢钠、铜、硫、杜鹃红素、矿物油、印度楝树油等；③规定了蓝莓不同的最高残留限量标准值：共有324种农药（包括暂定标准和原有标准)；④一律标准：对未涵盖在上述标准中的所有其他农药规定了0.01毫克/千克的“一律标准”。因此，从理论上说，日本的“肯定列表制度”已经将所有的农药纳入到残留管理。欧盟和加拿大现有的小浆果农药最高残留限量标准均多于我国相关水果。而我国还没有专门小浆果农药最高残留限量标准，只能参照相关食品要求。我国小浆果产品主要以冷冻、浓缩汁等初加工形式外销国际市场，因此，全面了解欧盟、日本等国际市场对小浆果食品安全的要求有利于我国小浆果产业的健康和持续性发展。

中国已有标准的农药在食品上的最高残留限量标准总体上看还是比较严格的。通过表2-1分析世界主要小浆果消费市场农药残留限量的准入标准，建议拟向欧盟出口的小浆果应慎用乐果、代森锰锌、敌敌畏、唑菌酮、多菌灵、甲基硫菌灵、氯菊酯、氯氰菊酯、氰戊菊酯、溴氰菊酯、氟氯氰菊酯等。拟向日本出口的小浆果的残留标准也严于中国，应慎用吡氟草胺、丙线磷、甲磺草胺、杀鼠灵、杀鼠酮、特丁硫磷、溴鼠灵等，杀螟硫磷、辛硫磷、马拉硫磷等。拟向加拿大出口的小浆果应慎用百菌清、丁酰肼、氯氰菊酯、甲霜灵、苯达松、杀草强等。

第三节 中国绿色食品和有机食品标准对农药残留限量的规定

中国的绿色食品和有机食品对农药残留限量有比普通食品的市场准入标准更严格的安全质量要求。农业行业标准《绿色食品 温带水果 NY/T 844—2004》中对15种农药做明确的限量规定（表2-2）。国家标准《有机产品第一部分：生产（GB/T 19630.1—2005）》规定：有机产品的农药残留不能超过国家食品卫生标准相应产品限值的5%。

表2-2 绿色食品的农药最高残留限量标准

农药名称	残留限值（毫克/千克）	农药名称	残留限值（毫克/千克）
百菌清	1	乐果	0.5
倍硫磷	0.02	六六六	0.05
滴滴涕	0.05	马拉硫磷	0.001
敌百虫	0.1	氰戊菊酯	0.2
敌敌畏	0.2	三唑酮	0.2
对硫磷	0.001	杀螟硫磷	0.2
多菌灵	0.5	溴氰菊酯	0.2
甲拌磷	0.001		

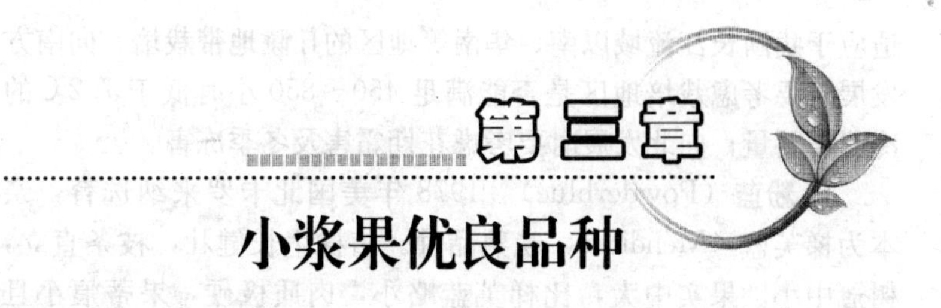

小浆果优良品种

目前生产上全部的蓝莓，绝大多数树莓、穗醋栗和醋栗，部分沙棘品种均引自国外。近年来，我国科研工作者也在几乎所有小浆果领域开展了新品种选育工作并取得进展。

第一节 蓝莓优良品种

蓝莓为杜鹃花科（Ericaceae）越橘属（*Vaccinium*）多年生灌木，是一种具经济价值的小浆果。全世界越橘属植物约有400个种，广泛分布于北半球。约40%的种分布在东南亚地区，25%分布在北美地区，10%分布在美国的南部和中部地区。其余25%分散在世界各地。中国约有91个种、28个变种，分布于东北和西南地区。

蓝莓树体差异显著，兔眼蓝莓可高达7米以上，高丛蓝莓生产上控制在1.5米以下；矮丛蓝莓一般15～50厘米；红豆越橘一般15～30厘米；而蔓越橘只有5～15厘米。果实大小0.5～2.5克，多为蓝色、蓝黑色或红色。根据其树体特征、果实特点及区域分布将蓝莓品种划分为7个品种群。

一、兔眼蓝莓品种群

该品种群的品种树体高大，寿命长，抗湿热，抗旱，但抗寒能力差，-27℃低温可使许多品种受冻，对土壤条件要求不严。

适应于我国长江流域以南、华南等地区的丘陵地带栽培。向南方发展时要考虑栽培地区是否能满足 450～850 小时低于 7.2℃的冷温需要量；向北发展时要考虑花期霜害及冬季冻害。

1. 粉蓝（Powderblue） 1978 年美国北卡罗来纳选育，亲本为梯芙蓝×Menditoo，晚熟品种。植株生长健壮，枝条直立，树冠中小。果实中大，比梯芙蓝略小，肉质极硬，果蒂痕小且干，淡蓝色，品质佳。

2. 杰兔（Premier） 1978 年美国北卡罗来纳选育，亲本为梯芙蓝×Homebell，早熟品种。植株很健壮，树冠开张，中大，极丰产。耐土壤高 pH，适宜于各种类型土壤栽培。能自花授粉，但配量授粉树可大大提高坐果率。果实大至极大，悦目蓝色，质硬，果蒂痕干，具芳香味，风味极佳。适于鲜果销售栽培。

3. 灿烂（Brightwell） 1983 年美国佐治亚育成，亲本为梯芙蓝×Menditoo，早熟品种。植株健壮、直立，树冠小，易生基生枝，由于开花晚，所以比兔眼蓝莓等其他品种抗霜冻能力强。丰产性极强，由于浆果在果穗上排列疏松，极适宜机械采收和作鲜果销售。果实中大、质硬、淡蓝色，果蒂痕干，风味佳。雨后不裂果。此品种是鲜果市场最佳品种。

二、南高丛蓝莓品种群

南高丛蓝莓喜湿润、温暖气候条件，冷温需要量低于 600 小时，抗寒力差，适于我国黄河以南地区如华东、华南地区发展。与兔眼蓝莓品种相比，南高丛蓝莓具有成熟期早、鲜食风味佳的特点。在山东青岛 5 月底至 6 月初成熟，南方地区成熟期更早。这一特点使南高丛蓝莓在我国南方的江苏、浙江等省具有重要的栽培价值。

1. 夏普蓝（Sharpblue） 1976 年美国佛罗里达大学选育，

亲本为 Florida 61－5×Florida 62－4。果实及树体主要特性与佛罗达蓝极相似，但果实为暗蓝色。为佛罗里达中部和南部地区栽培最为广泛的品种。树体中等高度，树冠开张。冷温需要量是所有南高丛蓝莓品种中最低的。早期丰产性强。需要配置授粉树。

2. 奥尼尔（O'Neal） 树体半开张，分支较多。早期丰产性强。开花早且花期长，由于开花较早，易遭受晚霜危害。极丰产。果实中大，果蒂痕很干，果肉硬，鲜食风味佳。适宜机械采收。冷温需要量为 400～500 小时。抗茎干溃疡病。

3. 南月（Southmoon） 1995 年由佛罗里达大学杂交选育。为美国专利品种，专利号为 PP9834。是由多个亲本自然混和授粉的实生后代中选出，其亲本包括夏普蓝、佛罗里达蓝、艾文蓝和 FL4－76、FL80－46。早熟品种，比夏普蓝早熟 8 天左右。树体生长健壮直立，在较好的土壤条件下栽培树高可达 2 米，树冠直径达 1.3 米。冷温需要量为 400 小时。由于开花比较早，易遭受晚霜危害。果实大，平均单果重 2.3 克，略扁圆形，暗蓝色。果蒂很小且干，果肉硬，风味甜略有酸味。栽培时需配置授粉树，夏普兰和佛罗里达蓝均可做授粉树。

4. 比乐西（Biloxi） 1998 年美国农业部 ARS 小浆果研究站杂交选育的品种，亲本为 Sharpblue×US329。树体生长直立健壮。丰产性强。果实颜色佳，果蒂痕小，果肉硬，果实中等大小，平均单果重 1.47 克，鲜食风味佳。该品种的突出特点是果实成熟期早，比 Climax 早熟 14～21 天。可以早期供应鲜果市场。栽培时需要配置授粉树。另外，由于开花期早，易受晚霜危害。

三、北高丛蓝莓品种群

北高丛蓝莓喜冷凉气候，抗寒力较强，有些品种可抵抗－30℃低温，适于我国北方沿海湿润地区及寒地发展。此品种群果实较大，品质佳，鲜食口感好，可以作鲜果市场销售品种栽培，也可以加工或庭院栽培，是目前世界范围内栽培最为广泛，栽培面积最大的品种类群。

1. 蓝丰（Bluecrop） 1952年美国由（Jersey×Pioneer）×（Stanley×June）杂交选育，中熟品种，是美国密歇根州主栽品种。树体生长健壮，树冠开张，幼树时枝条较软。抗寒力强，其抗旱能力是北高丛蓝莓中最强的一个。极丰产且连续丰产能力强。果实大，淡蓝色，果粉厚，果肉硬，果蒂痕干。具清淡芳香味，未完全成熟时略偏酸，风味佳。是鲜果销售的优良品种。

2. 埃利奥特（Elliott） 1974年美国农业部选育，由Burlington×［Dixi×（Jersey×Pioneer）］杂交育成，为极晚熟品种。树体生长健壮、直立，连续丰产，果实成熟期较集中。果实中大、淡蓝色，肉质硬，风味佳。此品种在寒冷地区栽培成熟期过晚。

3. 北卫（Patroit）1976年美国选育，亲本为Dixi×Michigan LB-1，中早熟品种。树体生长健壮、直立，极抗寒（−29℃），抗根腐病。果实大，略扁圆形，质硬，悦目蓝色，果蒂痕极小且干，风味极佳。此品种为北方寒冷地区鲜果市场销售和庭院栽培的首选品种。

4. 公爵（Duke） 1986年美国农业部与新泽西州农业试验站合作选育，亲本为（Ivanhoe×Eariblue）×（E-30×E-11），早熟品种。树体生长健壮、直立，连续丰产。果实中大、淡蓝色，质硬，清淡芳香风味。

5. 伯吉塔蓝（Brigita Blue） 1980年澳大利亚农业部维多利亚园艺研究所选育。由Lateblue自然授粉的后代中选出。树体生长极健壮，直立。晚熟品种。果实大，蓝色，果蒂痕小且干，风味甜。适宜于机械采收。

6. 雷戈西（Legacy） 树体生长直立，分枝多，内膛结果多。丰产，早熟品种，比蓝丰早熟1周。果实大，蓝色，质地很

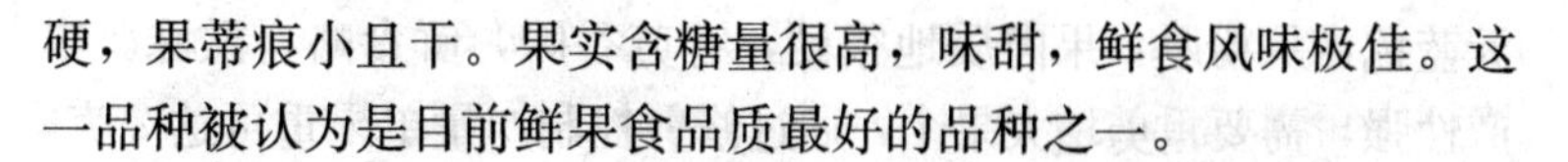
硬，果蒂痕小且干。果实含糖量很高，味甜，鲜食风味极佳。这一品种被认为是目前鲜果食品质最好的品种之一。

四、半高丛蓝莓品种群

半高丛蓝莓是由高丛蓝莓和矮丛蓝莓杂交获得的品种类型。美国明尼苏达大学和密执安大学率先开展此项工作。育种的主要目标是通过杂交选育果实大、品质好、树体相对较矮、抗寒力强的品种，以适应北方寒冷地区栽培。该品种群的树高一般50～100 厘米，果实比矮丛蓝莓大，但比高丛蓝莓小，抗寒力强，一般可抗－35℃低温。

1. 北陆（Northland） 1968 年美国密执安大学农业试验站选育，亲本为 Berkeley×（Lowbush×Pioneer 实生苗），中早熟品种。树体生长健壮，树冠中度开张，成龄树高可达 1.2 米。抗寒，极丰产。果实中大，圆形，蓝色，质地中硬，果蒂痕小且干。成熟期较为集中，风味佳，是美国北部寒冷地区主栽品种。

2. 北蓝（Northblue） 1983 年美国明尼苏达大学育成，亲本为 Mn-36×（B-10×US-3），晚熟品种。树体生长较健壮，树高约 60 厘米，抗寒力强（可以抵抗－30℃的低温），丰产性好。果实大、暗蓝色，肉质硬，风味佳，耐贮。适宜于北方寒冷地区栽培。

3. 北春（Northcountry） 1986 年美国明尼苏达大学育成，亲本为 B-6×R2P4，中早熟品种。树体中等健壮，高约 1 米，早产，连续丰产。果实中大，天蓝色，口味甜酸，风味佳。该品种在我国长白山区栽培表现丰产、早产、抗寒，可露地越冬，为高寒山区蓝莓栽培优良品种。

4. 蓝金（Bluegold） 1989 年美国明尼苏达大学选育，亲本为（Bluehaven×ME-US55）×（Ashworth×Bluecrop），中熟品种。树体生长健壮直立，分枝多，高 80～100 厘米。果实中大，

天蓝色，果粉厚，果肉质地很硬，有芳香味，鲜食略有酸味。丰产性强，需要重剪增大果个，通过修剪控制产量单果重可达 2 克。此品种适宜北方寒冷地区作鲜果生产栽培，抗寒力极强。

五、矮丛蓝莓品种群

此品种群的特点是树体矮小，一般高 30～50 厘米。抗旱能力较强，且具有很强的抗寒能力，在－40℃低温地区可以栽培，在北方寒冷山区，30 厘米积雪可将树体覆盖，从而确保安全越冬。对栽培管理技术要求简单，极适宜于东北高寒山区大面积商业化栽培。但由于果实较小，果实主要用作加工原料。因此，大面积商业化栽培应与果品加工能力配套发展。现将已引入吉林农业大学的品种作一介绍。

1. 美登（Blomidon） 1970 年加拿大农业部肯特维尔研究中心从野生矮丛蓝莓选出的品种 Augusta 与品系 451 杂交后代选育出的品种，中熟品种。树体生长健壮，丰产，在长白山区栽培 5 年生平均株产 0.83 千克，最高达 1.59 千克。果实圆形、淡蓝色，果粉较厚，单果重 0.74 克，风味好，有清淡爽口的香味。在长白山 7 月中旬成熟，成熟期一致。抗寒力极强，长白山区可安全露地越冬。为高寒山区发展蓝莓的首推品种。

2. 芬蒂（Fundy） 1969 年加拿大肯特维尔研究中心从奥古斯塔自然授粉的实生后代中选出。树体生长极健壮。枝条长可达 40 厘米。丰产，早产。果穗生长在直立枝条的上端，易采收。果实略小于美登，单果重 0.72 克，果实淡蓝色，被果粉。果实中熟，成熟性较一致。抗寒力强。

第二节 树莓主要栽培品种

全世界树莓栽培品种多达 200 个以上，但有一定规模的约有

30个，成为国际市场商品的不超过20个。我国引进树莓品种已有60个以上，下面介绍的是引种或选育表现较好的品种。

1. 欧洲红　20世纪初期，由俄罗斯侨民带入黑龙江境内种植的树莓老品种。植株茎直立性强，深红色，少刺。基生茎及根蘖苗萌发能力强。果实红色，果小，球形，味酸甜，可溶性固形物12.0%。该品种在黑龙江地区栽培面积最大，果实7月10日开始成熟，8月上旬果实采收结束。植株健壮。抗寒、抗旱、抗病能力性强，但果实软，不耐贮运。

2. 美国22号　该品种是沈阳农业大学在20世纪80年代初期从美国引进的树莓品种。该品种适应性强，定植第二年即可结果，第三年进入盛果期，此后可丰产、稳产达20～30年。植株健壮，枝条粗壮，根蘖苗少。果实短圆锥形或近球形，深红偏紫色。果大，最大单果重可达7.8克，平均单果重约为3.61克。易采收。果实硬度中等，具香味，果实多汁，味酸甜。每100克鲜果中维生素C含量为32.33毫克，可溶性固形物含量8%，总糖含量4.19%。可鲜食，生产上以加工为主。美国22号既可自花授粉，也可异花授粉。植株结果能力强，连续性丰产性好，没有大小年表现。产量高，平均产量19 500千克/公顷。中晚熟品种，在沈阳地区果实的成熟与果实采收期为7月4～30日。比早红品种成熟期约晚一周。果实采收期25～27天。

美国22号的抗逆性强，适应性好。2001年以来，沈阳市法库县推广试验及大面积栽培的10年里，表现良好，体现了其抗旱的特点，越冬性表现好。在2006年东北大部分地区发生树莓枝芽冻害严重的年份，在法库县托拉米品种侧枝萌发率为30%，美国22号仍然表现了较高的侧枝萌发率（为90%），从而达到了高产。栽培过程中在少数干旱年份会有红蜘蛛为害，注意预防即可以控制。在果实采收季节有椿象、金龟子发生可采用药瓶诱捕。该品种表现出抗果实腐烂病及树莓矮丛病毒的特点。美国22号是辽宁省树莓的主栽品种之一，主栽地区为辽宁法库县。

3. 早红（Boyne） 加拿大品种。植株生长健壮，茎较粗壮，直立性强，枝长2～3米。二年生茎红色，刺硬且少。繁殖容易，萌发根蘖苗能力中等。果型大，平均单果重2.9克，最大果重6.5克。果实呈鲜红色，富光泽。浆果汁液鲜红色，酸甜，有香味。鲜食品质和外观品质优良，明显优于美国22号，稍优于澳洲红。浆果既适于鲜食，也适于加工。果实可溶性固形物含量8.2%，每100克鲜果中维生素C含量高达30毫克。丰产性强，定植后第二年每667米^{2}产量为450.0千克，第三年为820.0千克，第四年为1 030.0千克，第五至八年产量为1 000～1 200千克。抗病性强，较抗寒。早红为早熟品种。在沈阳市4月中旬萌芽，5月上旬展叶，5月下旬开花，6月底果实开始成熟，7月下旬采收结束，平均采收期33天。10月下旬开始落叶。

4. 澳洲红（Willamette）美国品种。1982年从澳大利亚引入。枝茎中等粗度，生长较健壮，刺多。极易发根蘖苗，繁殖容易。茎长可达2.0～2.5米，一般剪留长度为1.7～1.8米。植株开花早，成熟早，为早熟品种。果实呈鲜红色，大果型品种，平均单果重3.1克，最大果重可达6.5克。味甜酸，适于鲜食和加工。品质优良，含糖量高，可溶性固形物含量8.1%，每100克鲜果中维生素C含量为35.5毫克。丰产性强，产量一般为12 750千克/公顷以上。沈阳地区6月底成熟，采收期约1个月。抗寒适应性强，抗病，大果型红树莓品种，在生产上易于大面积推广栽培。

5. 托拉米（Tulameen） 加拿大品种。2002年前后被引入中国种植。茎中等粗度，生长较健壮，刺少。易发根蘖苗，繁殖容易。茎长可达2.5～3.0米，一般剪留长度为1.7～1.8米。果实7月1日开始成熟采收，中熟品种。果实长圆锥形，鲜红色，大果型品种，平均单果重3.2克，最大果重可达7.2克，外观形态好，耐储运，适合鲜果销售，也适于加工生产。味甜酸，品质优良，含糖量高，可溶性固形物含量8.2%，每100克维生素C

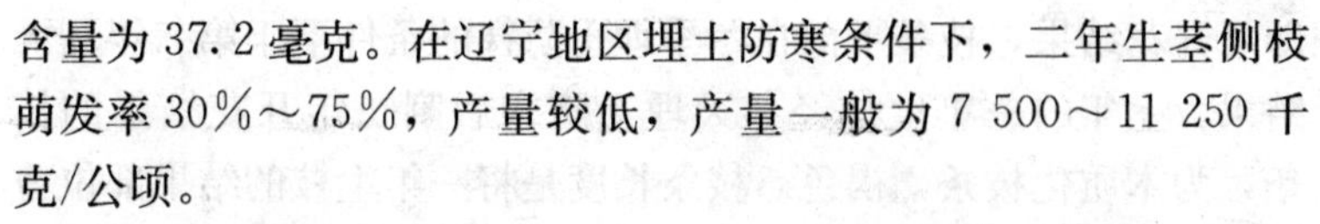

含量为37.2毫克。在辽宁地区埋土防寒条件下，二年生茎侧枝萌发率30%～75%，产量较低，产量一般为7 500～11 250千克/公顷。

6. 菲尔杜德（Fortodi）　匈牙利品种，2002年引入我国。在辽宁、黑龙江部分地区种植较多。茎中等粗度，生长较健壮。易发根蘖苗，繁殖容易。茎长可达2.5～3.0米，一般剪留长度为1.7～1.8米。辽宁地区果实7月4日开始成熟采收，为晚熟品种。果实近圆球形，鲜红色，大果型品种，平均单果重3.0克，最大果重可达6.8克，外观形态好，耐储运，适合鲜果销售，也适于加工生产。味甜酸，品质优良，含糖量高，可溶性固形物含量8.2%，每100克鲜果中维生素C含量为37.2毫克。在辽宁地区埋土防寒条件下，二年生茎侧枝萌发率60%～85%，产量中高，一般为9 000～13 500千克/公顷。

7. 哈瑞太兹（Heritage）　美国纽约州农业试验站培育品种。茎中等粗度，生长势强旺。极易发根蘖苗，繁殖非常容易。一年生茎高1.64米。果实品质优良，果硬，色香味俱佳，平均单果重2.41克，冷冻果质量高。该品种适应性强，茎直立向上，可采用免支架或轻微支架栽培方式。对根腐病有较强抗性。可忍耐一定黏重土壤，但在排水不良地区易烂根。果实成熟晚，沈阳8月20日果实开始成熟采收。10月12日左右果实采收结束，通常有20%～40%的果实在霜冻来临前不能完全成熟而成为无效产量。

8. 秋福（Autumn Bliss）　英国品种。秋福是英国东茂林实验站1984年培育的夏秋两季结果型树莓新品种。植株生长健壮，平均株高1.44米。有一年生和二年生两种枝条，两种枝条均可结果。防寒条件下，每年春秋可收获2次；不防寒条件下，植株以一年生枝结果，夏天开花，秋天结果。春天撤防寒土一周后可见一年生枝从地下长出，沈阳地区5月可萌发大量一年生茎。秋福一年生枝主要由树莓的基生茎和少数根蘖苗组成。茎上部当年即可开花结果，枝条下部在冬季埋土防寒的条件下于第二年夏天结果。上年的一年生枝经冬天埋土防寒后第二年开花结果的枝条，为木质化枝条，褐色。枝条长度是将一年生枝的结果部位剪除后保留的长度，为100～120厘米。一年生枝上的叶片（7.2厘米×11.2厘米）明显大于二年生枝上的叶片（4.5厘米×7.5厘米）。

秋福果实短圆锥形，亮红色。最大单果重6.3克，平均单果重3.1克。果实整齐，果大，易采收。果实硬度好，耐贮运，香味浓，果实多汁。果味甜中略带酸味，风味好。可溶性固形物含量8.3%，秋季果实可溶性固形物含量可达9%以上。总糖含量4.93%。每100克鲜果中维生素C含量为34.42毫克，有机酸含量0.89%，适宜鲜食，也可用以加工。调查秋福夏季果实的平均单茎产量为379.9克，秋果平均单茎产量为451.7克。按适宜的留枝量平均45 000个枝/公顷计算，秋季果实的平均产量为15 915千克/公顷。在沈阳秋季果实的成熟与果实采收期为8月5日至10月12日。秋福的抗逆性强，适应性好。

9. 胜利 沈阳农业大学新引进的大果品种。该品种适应性强，栽培简单，管理容易。定植第二年即可结果，第三年进入盛果期，此后可丰产、稳产达20～30年。茎生长健壮，有一年生和二年生茎两种。一年生茎：春天撤防寒土一周后可见一年生茎的生长。沈阳地区5月可见大量一年生茎从地面萌发，茎干直立。枝条的延长生长能力强，少有分支，防寒前枝条的长度可达220～250厘米。二年生茎：是上年的新生茎经冬天埋土防寒越冬后，第二年开花结果的枝条。枝条长度为一年生枝修剪后保留的长度，约180厘米。撤防寒土后，二年生枝上侧芽即萌发，萌发率较高，达75%以上。该品种开花结果能力强。一年生枝上的叶片（12厘米×11厘米）明显大于二年生枝上的叶片（5.5厘米×8.5厘米）。

胜利果实长圆锥形，红色。每个果实平均由为100个小核果构成，果大，最大单果重可达8克，平均单果重约为3.8克。易采收。果实硬度好，具香味，果实多汁，每100克鲜果中维生素C含量为33.67毫克，可溶性固形物含量8.0%，可溶性糖含量3.62%。可鲜食，生产上以加工为主。栽植第三年进入丰产期，平均产量15 000千克/公顷以上。以后可以持续丰产稳产约20年，是丰产性稳定的树莓品种之一。早熟品种，在沈阳地区果实成熟期与采收期为6月20日至7月20日，比早熟红树莓品种早红成熟期约早一周。果实采收期约30天。

10. 米克 美国品种。米克是美国华盛顿州立大学1967年培育的品种。一年生茎：主要由树莓的基生茎和少数根蘖苗组成。茎干自然状态下呈40°～50°角倾斜生长。茎的延长生长能力强，少有分支，防寒前茎长度可达200～300厘米。二年生茎：是上年的一年生茎经冬天埋土防寒后第二年开花结果的茎。一年生茎上的叶片（11.5厘米×14.0厘米）明显大于二年生茎的叶片（7.5厘米×11.7厘米）。

米克果实圆锥形，红色。果大，最大单果重达7.2克，平均单果重约为3.0克。易采收。果实硬度好，具香味，果实多汁，每100克鲜果中维生素C含量为39毫克，可溶性固形物含量9.1%，可溶性糖含量3.996%。果酸甜，可鲜食，生产上以加工为主。植株结果能力强，连续丰产性好，没有大小年表现。产量高，平均产量15 000千克/公顷左右，最高可达17 250千克/公顷。中熟品种，在沈阳地区果实的成熟与果实采收期为7月1～30日。比早红品种成熟期约晚一周，比美国22号早5天。果实采收期约30天。

11. 秋萍 沈阳农业大学培育的树莓新品种。一年生茎结果类型树莓。植株生长健壮，株高1.2～1.6米。防寒条件下，每年春秋可收获两次；不防寒条件下，植株以一年生茎结果，夏天开花，秋天结果。植株根系发达，耐寒、耐旱、耐涝。春天撤防寒土一周后可见一年生茎从地下长出，沈阳地区5月初可萌发大量一年生茎。秋萍一年生茎主要由树莓的基生茎和少数根蘖苗组成。枝条基部直径9～13毫米，节间4～7厘米，有刺，刺紫红色，茎绿色，表皮光滑。茎长度中等，少有分支，植株直立性好。该品种叶片多为3～5出复叶，叶色绿，叶厚，叶脉中等深。一年生茎上的叶大小为7.6厘米×11.2厘米，明显大于二年生茎上的叶片（大小为4.5厘米×7.5厘米）。

秋萍果实圆锥形，亮红色。最大单果重6.9克，平均单果重约为3.86克。果实整齐，果大，易采收。果实硬度好，香味浓，果实多汁。果味甜中略带酸味，风味好。可溶性固形物8.6%，每100克鲜果中维生素C含量为43毫克，可溶性糖含量4.7%，有机酸含量1.14%，适宜鲜食。也可用于加工，速冻果实完整性好。

早熟品种，在沈阳地区秋季果实的成熟与第一次果实采收期为7月30日，比秋福早5天，比哈瑞太慈早18天，果实采收到10月5日结束。在东北寒冷天气到来前可收获95%以上经济产量。秋季果实产量可达15 000千克/公顷。

第三节　穗醋栗与醋栗主要栽培品种

1. 丰产薄皮　该品种株丛开张半圆形，高1.0～1.3米。萌芽力强、成枝力中等，基生枝多。老熟新梢灰白色、稍弯曲、节间长7厘米。三年生以上老枝暗紫色，皮孔散生成排成短行。芽近圆形。枝条中上部侧芽是3芽并生，可以抽出9个果穗。果穗长6～8厘米，平均坐果12～16个。自花结实率高。单果重0.7～0.8克，果粒大小整齐，萼片宿存或干瘪脱落。果皮薄、果粉厚。浆果含糖量5%～6%、总酸2.5%、每100克鲜样中维生素C含量120毫克。盛果期平均单株产果3～4千克，物候期比亮叶厚皮黑豆果早5～7天，成熟期集中而果实不易脱落。

该品种在黑龙江省牡丹江地区，一至三年生树冬季不埋土防寒可以正常生长和结果，三年生以后不埋土则有枯梢现象。丰产，果实成熟集中，可一次采收。不抗白粉病及芽螨，不耐高温、干旱。该品种为20世纪80年代黑龙江省主栽品种，后因产量偏低、感染白粉病严重、不抗芽螨等原因在生产中逐渐淘汰。

2. 奥依宾（Ojebyn）　原产瑞典，1986年由东北农业大学、哈尔滨市蔬菜研究所从波兰引入，1991年通过黑龙江省作物品种委员会审定。

株丛生长强健，树体矮小，枝条直立，适合密植和机械化采收。三年生株高63厘米，冠径77厘米，新梢节间短，间距1.76厘米，枝粗而硬。每个花芽着生2个花序，每个花序上着生5～7朵花。自花结实率52%。果实基本呈圆形，萼片宿存，果皮厚、黑色，果点明显，纵径1.3厘米，横径1.25厘米，平均单果重1.08克。可溶性固形物14%，总糖7.01%，总酸2.95%，每100克鲜果中含维生素C 107.51毫克。5月中旬开花，7月上旬果实成熟。成熟期一致，可一次采收。抗白粉病，越冬性较强，在黑龙江省冬季雪大、小气候条件好的地方可露地越冬，但在绝大多数地区最好埋土防寒越冬。

3. 黑珍珠（Ben Lomond）　苏格兰国家作物研究所于1971年杂交选育出的优良品种，1985年从波兰引入我国，1993年通过吉林省农作物品种委员会审定。

该品种株丛丰满，树势中等开张，花期晚于其他品种5～7天，有效避开了晚霜危害。果实较大，平均单果重1.33克，鲜食风味佳，可溶性固形物含量14%。果面光洁明亮，形似珍珠。晚熟，在长春7月25日前后可采收，成熟期结果整齐。丰产期每公顷产量13 500千克。果实中色素含量高达1.55克/千克。适宜加工果汁。高抗白粉病。沈阳以北地区栽培时需要冬季埋土防寒。

4. 利桑佳（Risager）　1981年、1985年分别由吉林农业大学、东北农业大学从波兰引进，1996年由黑龙江省农作物品种审定委员会审定，定名为利桑佳。并于1993年通过吉林省农作物品种审定委员会审定，定名为密穗。

该品种生长势中庸，树冠半开张，皮孔明显，呈黄褐色，较稀。叶片呈掌状，小，较平展，叶色浓绿。该品种具有明显的早实性，绿枝扦插（6月下旬扦插嫩枝）幼苗在次年定植后有87%的植株可以开花结果。每个花芽平均着生2～3个花序，每个花序平均着生13朵花，自然授粉坐果率达78%，结果枝连续结果能力强。果实7月中旬成熟。果实纵径1.25厘米，横径1.15厘米，平均单果重0.96克；萼片宿存，直立；果皮较厚，黑色。可溶性固形物14.4%，总糖7.11%，总酸2.73%，每100克鲜果中维生素C含量为130.72毫克。四年生树每667米^{2}平均产量830.3千克。该品种极抗白粉病，在不施药的情况下发病率为零。冬季需埋土防寒方可安全越冬。

5. 黑丰 黑龙江省农业科学院牡丹江农科所引入的波兰品种，1996年2月通过黑龙江省农作物品种审定委员会审定。

该品种树势强，枝条粗壮、节间短，株丛矮小。高抗白粉病。该品种果实近圆形、黑色，果个整齐，平均单果重0.9克。可溶性固形物含量14.5%，果实成熟期一致，可一次性采收。丰产性好，进入盛果期早，二年生平均667米^{2}产量230千克，五年生盛果期产量可达1 183千克。无采前落果现象。在黑龙江省4月中旬萌芽，5月中旬开花，7月20日左右果实成熟，10月中下旬落叶。抗寒性较差，需埋土越冬。该品种植株较矮，适合于密植。

6. 布劳德（Brodrop） 该品种原产芬兰，1986年东北农业大学从波兰引入，2001年通过黑龙江省农作物品种委员会审定。

该品种生长势中庸，树冠开张，枝条较软，坐果后枝条易下垂。栽后2年开始结果，果穗长而密，自然授粉坐果率75%。7月中旬果实成熟，熟期一致，可一次采收。果实纵径1.45厘米，横径 1.4 厘米；平均单果重 2.3 克，最大果重 3.6 克，以大果粒著称。萼片残存，果形整齐一致，果皮厚。可溶性固形物 11.3%，总糖 6.51%，总酸 2.49%，每 100 克鲜果含维生素 C 49.84 毫克。二年生植株每 667 米^2 平均产量 262.36 千克，三年生 754.85 千克，四年生 924.33 千克。抗白粉病。越冬性较强，冬季在黑龙江省大部分地区越冬需埋土防寒，个别地区不埋土或少量埋土即可安全越冬。

7. 大粒甜（Bona）　吉林农业大学 1985 年从波兰科学院果树花卉所引进的大果、鲜食与加工兼用的中熟品种，2005 年 1 月通过吉林省品种审定委员会审定。

该品种树冠开张，长势中庸，五年生株高 1.0 米、冠幅 1.1 米。叶片 3～5 裂，平展，绿色有光泽。浆果黑色，有光泽，圆球形。果粒大，平均单果重 1.62 克，最大 2.73 克。果穗长 7 厘米。基生枝发生数量较多。定植第一年基部可抽生 3～5 个基生枝。定植第二年即可结果，结果能力强。果实含可溶性固形物 12%、可溶性糖 10.6%、有机酸 3.8%，每 100 克鲜果中含维生素 C 168 毫克，出汁率 72%，甜酸可口，鲜食口味佳。

该品种在长春地区 4 月上中旬萌芽，4 月下旬现蕾，4 月下至 5 月上旬开花，6 月中下旬果实开始着色，7 月中旬成熟，为中熟品种。第五年进入盛果期，产量达到 10 100 千克/公顷。无白粉病、斑枯病发生，干旱年份有红蜘蛛、蚜虫发生。

8. 亚德列娜娅（Ядреная）　东北农业大学 1999 年由俄罗斯西伯利亚里萨文科园艺研究所引进的品系，2008 年通过黑龙江省农作物品种委员会审定。

该品种树姿开张，生长势中庸，四年生株高 90 厘米，株径 110 厘米。基生枝发枝能力较弱，多年生枝深褐色，一年生枝褐色。叶片中等大小，略狭长，叶面褶皱明显。每花芽着生花穗 1 个，每穗花数 9～15 朵。自交结实率 44.55%，自然坐果率 64.47%。果实黑色，个大整齐，最大果纵径 2.2 厘米，横径

2.0厘米，最大单果重4.9克，果实可溶性固形物含量13.6%，每100克鲜果中维生素C含量为118毫克。熟期较一致。

该品种具有明显的早果性，绿枝扦插苗定植当年结果植株达100%，且单株产量高（第一年结果平均株产1.5千克以上）。

在哈尔滨地区4月23日萌芽，5月4日初花，6月17日果实开始着色，7月1日可采收。10月下旬进入休眠期，为早熟品种。不感染白粉病。该品种喜冷凉，持续高温干旱叶片及果实有灼伤现象，适于山区及黑龙江省北部地区栽培；在黑龙江省冬季越冬需埋土防寒。

9. 寒丰（原代号83-11-2） 黑龙江省农业科学院牡丹江农业科学研究所以亮叶厚皮和野生兴安茶藨为亲本杂交选育，2006年2月通过黑龙江省农作物品种审定委员会审定。

该品种树势强健、基生枝多。果实近圆形，大小整齐。纵径1.1厘米，横径1.2厘米，黑色。果穗长3～5厘米，每穗着生7～15粒，果柄长3～4厘米，果皮较薄，皮紧。果实出汁率82%，平均单果重0.90克。可溶性固形物含量16%，每100克鲜果中含有维生素C 151毫克。无采前落果现象。在黑龙江中部和东部地区，4月中旬芽开始膨大，5月15日左右开花，7月20日左右浆果成熟，10月中旬落叶，果实发育期65天，营养生长期180天。抗白粉病，整个生育期不用施药。抗寒性强，在我国任何地区越冬均不用埋土防寒。

10. 晚丰（原代号牡育96-16） 1990年以寒丰为母本、黑丰为父本进行杂交，2002年通过黑龙江省农作物品种审定委员会审定。

该品种树姿较开张，多年生枝灰褐色，皮孔圆块状纵向排列，一年生枝黄褐色。株高114.2厘米，冠径114厘米，叶面光滑，叶片长8.75厘米、宽9.75厘米。初花期花紫红色，盛花期粉白色。果实圆形，纵径1.18厘米，横径1.25厘米，平均单果

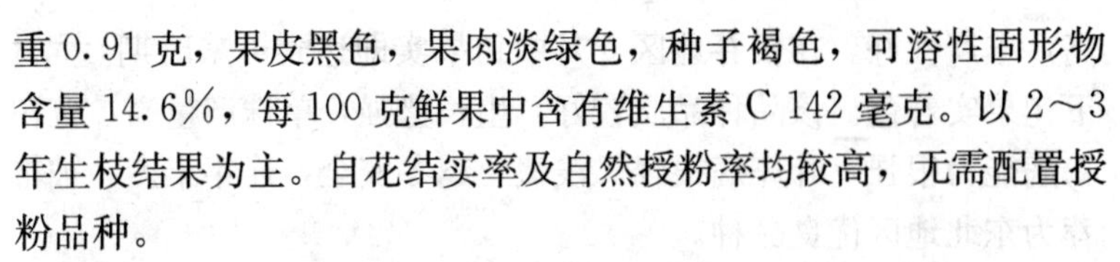

重 0.91 克，果皮黑色，果肉淡绿色，种子褐色，可溶性固形物含量 14.6%，每 100 克鲜果中含有维生素 C 142 毫克。以 2～3 年生枝结果为主。自花结实率及自然授粉率均较高，无需配置授粉品种。

在黑龙江省牡丹江地区，4 月中旬萌芽，5 月初展叶，5 月上旬现蕾，5 月中旬初花期，5 月 20 日盛花期，7 月下旬果实成熟，10 月中旬落叶。在黑龙江省越冬不用埋土防寒。抗白粉病。

11. 黛莎（原代号 17－29）　东北农业大学于 1986 年由波兰引进黑穗醋栗种子实生选育，2005 年通过黑龙江省农作物品种委员会审定登记并命名。20 世纪 80 年代引入新疆，被命名为世纪星。

该品种枝条较直立，树姿半开张，生长势中庸。四年生株高 90 厘米左右，冠径 115 厘米。多年生枝灰褐色，一年生枝黄褐色，皮色较浅。叶片中等大小，鲜绿色；穗状花序横生，每花芽着生花穗 1 个，每穗花数 12～17 朵，花萼紫红色，自交结实率 40.07%，自然坐果率 78.4%。果实近圆形，平均单果重 1.23 克，果肉浅绿色，果实中可溶性固形物含量 14.6%，每 100 克鲜果中含维生素 C 127 毫克。果实成熟期比较一致，果穗较长，适合机械化采收。果实较硬，耐贮运。成熟期较晚，属晚熟品种。抗白粉病能力强，经多年观察不感染白粉病。冬季需埋土防寒。

12. 坠玉（Pixwell）　醋栗品种。原产美国，1986 年由吉林农业大学引入我国。其果实以长梗悬坠于枝条上，如玉珠而译名为“坠玉”。该品种生长势强，多年生枝灰褐色，针刺渐消失，一年生枝黄绿色，5～7 年生株丛高 1.2 米左右。果实圆球形，直径 1.5～2.0 厘米，平均单果重 3.2 克，最大果重可达 5.0 克。近成熟时果实为黄绿色，充分成熟后为紫红色，果面光亮半透明。含可溶性固形物 13%。果皮薄，果肉软而汁较多，风味甜酸，鲜食品质好并适用于加工果汁、果酱、果糕等。自花结实率高，丰产性好。在长春地区6月中旬果实即达到可采时期，7月下旬果实着色。该品种品质较好，生长势强，单株产量高，抗白粉病能力很强，叶斑病很轻。浅覆土越冬安全，连年丰产，被推荐为东北地区优良品种。

第四节　沙棘优良品种

我国是世界上沙棘种质资源丰富、优良类型众多的国家，但开展沙棘良种选育工作较晚，目前选育出的适于不同用途、可在人工种植中推广的优良品种还较少。

近年来，为了弥补这一缺陷，我国利用国际交流之机，从前苏联和蒙古等国家引进了一些果型较大、果柄较长、无刺、适于栽培管理和加工的优良品种，并在黑龙江、内蒙古、甘肃、陕西等省（自治区）试栽成功，已逐步在国内推广。

一、国外引进品种

以下为我国从国外引进的主要品种。

1. 巨人　引自俄罗斯，为大果沙棘。四年生树高1.5～1.6米，树冠1.7米×1.5米，树势较强，枝条半开张，基本无刺，抗寒，属中熟品种。果实呈近圆柱形，金黄色，果柄4～5毫米，平均单果重0.85克，四年生株产量为2.1千克。在吉林省栽培4月20日萌芽，5月3日开花，8月上旬果实成熟。

2. 向阳　引自俄罗斯，为大果沙棘。四年生树高1.8米，树冠1.9米×1.7米，树势较强，枝条微张，基本无刺，抗寒、抗病。果实圆柱形，橙黄色，果柄5～6毫米，平均单果重0.92克。四年生株产量为2.4千克。在吉林省栽培4月17日萌芽，5月4日开花，8月上旬果实成熟。

3. 楚伊（丘伊斯克）　俄罗斯大果沙棘。枝条无刺或少刺，为俄罗斯西伯利亚地区主栽品种之一。树体灌丛型，树高约2.0米。果实多卵圆形或椭圆形，橘黄色，果柄长3～5毫米，果实横径0.7～0.9厘米、纵径0.9～1.1厘米。百果重40～50克，产量10吨/公顷。

4. 丰产 引自俄罗斯，为大果沙棘。俄罗斯西伯利亚里萨文科园艺科学研究所育成，亲本为谢尔宾卡1号×卡通。四年生树高1.8米，树冠1.9米×1.7米，树势较强，枝条微张，基本无刺，抗寒、抗病。枝条中粗，浅褐色；棘刺少。叶片深绿，微凹，尖端卷曲，叶脉被有黄色茸毛。果实椭圆柱形，深橘黄色，果柄5～6毫米。百粒重86克，四年生株产量为2.5千克。盛果期产量17～20吨/公顷。果实含糖6.9%、酸1.18%、油4.9%，100克鲜果中含胡萝卜素2.9毫克、维生素C 142毫克。8月底成熟。味酸，适于鲜食或加工果汁、果酱和甜点。在吉林省4月17日萌芽，5月4日开花，7月末果实成熟。

5. 琥珀 引自俄罗斯，为大果沙棘。俄罗斯西伯利亚里萨文科园艺科学研究所育成，亲本为谢尔宾卡1号×卡通。四年生树高1.6米，树冠1.7米×1.5米，树势较强，枝条微张，基本无刺，抗寒、抗病。果实圆柱形，橘黄色，果实横径0.8～1.1厘米，纵径1.0～1.2厘米，果柄4～5毫米；百果重68克，四年生株产量为2.3千克。果实含糖7%、酸1.6%、油6.6%，100克鲜果中含胡萝卜素6.4毫克、维生素C 189毫克。味甜。8月底至9月初成熟。适于鲜食，可加工果汁、果酱和甜点。树势中庸，树冠椭圆，中等密度。一年生枝条浅绿色，顶部有茸毛。枝条中粗，深褐色被稀疏茸毛，结果后开张，无棘刺。叶片微凹，浅灰色，长7厘米，宽0.7厘米。在吉林省4月17日萌芽，5月4日开花，8月上旬果实成熟。

6. 卡图尼礼品 引自俄罗斯，为大果沙棘。俄罗斯西伯利亚里萨文科园艺科学研究所育成。树高1.6米，树冠1.8米×

1.7米，树势中庸，枝条微张，基本无刺，抗寒、抗病。叶片绿色，略呈灰色，长0.8厘米。果实卵圆至椭圆形，淡黄色。果柄4～5毫米，在萼片和果柄基部有少量红晕。百果重40克，每公顷产量可达10～12吨。果实含糖5%、酸1.6%、油6.8%，100克鲜果中含胡萝卜素3毫克、维生素C 66毫克。酸味适中。8月底成熟，适于加工果汁和果酱。在吉林省4月中旬萌芽，5月上旬开花，8月上旬果实成熟。

7. 优胜 引自俄罗斯，为大果沙棘。俄罗斯西伯利亚里萨文科园艺科学研究所育成，亲本为谢尔宾卡1号×卡通。树高2米，树冠1.7米×1.5米，树势中庸，树丛紧凑，树冠开张。抗干缩病。枝条褐色，中粗，无刺。叶片长，绿色，对摺呈龙骨状突起。果实圆柱形，橘黄色。果百粒重76克，每公顷产量可达12～15吨。果实含糖6%、酸2.0%、油5.6%，每100克鲜果中含胡萝卜素2.5毫克、维生素C 131毫克。8月底至9月初成熟，可鲜食或加工果汁、甜点、果酱。在吉林省4月中旬萌芽，5月上旬开花，8月上旬果实成熟。

8. 橘黄色沙棘 俄罗斯西伯利亚里萨文科园艺科学研究所育成。亲本为卡图尼礼品×萨彦岭。果实椭圆形，橘黄偏红。百粒重66.6克。果实含糖5%、酸1.2%、油6%，100克鲜果中含胡萝卜素4.3毫克、维生素C 330毫克。味酸甜。果柄长，易采收，其劳动效率较对照品种提高1.9倍。9月中旬成熟。适于加工果汁、果酱、甜点。株丛中密，椭圆形树冠，棘刺数量中等。叶色深绿，叶面平，侧面略呈弯曲，叶片平均长8厘米、宽1厘米。

9. 金色 俄罗斯西伯利亚里萨文科园艺科学研究所育成，亲本为谢尔宾卡1号×卡通。果实大，椭圆形，橘黄色。果实百粒重80克。含糖7%、酸1.7%、油6.4%，100克鲜果中含胡萝卜素5.5毫克、维生素C 165毫克。9月初成熟。适于鲜食或加工果汁、甜点、果酱。树势中庸，树冠中密。皮褐色，棘刺少。叶色深绿，叶片凹，宽而短，长 6.5 厘米、宽 0.7 厘米。

10. 巨大　俄罗斯西伯利亚里萨文科园艺科学研究所育成。亲本为谢尔宾卡 1 号×卡通。果实圆柱形，橘黄色。百粒重 83 克。果实含糖 6.5%、酸 1.7%、油 6.6%，100 克鲜果中含胡萝卜素 3.1 毫克、维生素 C 157 毫克。9 月中旬成熟，适于鲜食或加工果汁、果酱、甜点。植株具中央主干，圆锥形树冠，中等密度。皮灰褐色。枝条发育很好，基部浅绿色，上部深绿，有茸毛。叶片长，狭窄，深绿色，叶片对摺呈龙骨状突起，从下面很容易看到。

11. 阿列依　俄罗斯沙棘中最优良的授粉品种。树高 3 米以上，树冠 3.1 米×3.4 米，树势较强，枝条较开张，基本无刺，树枝粗大，绿褐色。抗寒、抗病，花芽大，花粉量大，花粉具有很高的生活力。可采用 1∶8（雌株）的方式配置。

二、中国培育的品种

1. 金阳　吉林农业大学从俄罗斯大果沙棘的实生后代中选育。生长势强，枝条基本无刺，抗寒、抗旱、抗盐碱，早熟。四年生树高 1.55～1.65 米，冠径 1.6 米×1.5 米。果实圆柱形，橙黄色，果柄 5～6 毫米。平均单果重 0.81 克，四年生株产量 2.2 千克。在吉林省 4 月 18 日萌芽，5 月 2 日开花，8 月上旬果实成熟。

2. 秋阳　吉林农业大学从蒙古大果沙棘实生后代中选育。枝条生长势强，基本无刺，抗寒、抗旱、抗盐碱，早熟。四年生树高 1.65～1.75 米，冠径 1.7 米×1.6 米。果实圆柱形，橙黄色，果柄 5～6 毫米。平均单果重 0.75 克，四年生株产量 2.4 千克。在吉林省 4 月 18 日萌芽，5 月 2 日开花，8 月上旬果实成熟。

3. 辽阜 1 号　俄罗斯大果沙棘楚伊的后代。枝条无刺或少刺，树体灌丛型，较开张，生长旺盛，萌蘖力强，树高1.5～2.0米。果实多卵圆形，橘黄色，顶端有红晕，果柄长4～5毫米。果实略小，横径0.7～1.0厘米、纵径0.9～1.1厘米，百果重40～60克，每公顷产量10～15吨。成熟期在7月底至8月初。

4. 辽阜2号 俄罗斯大果沙棘楚伊的后代。枝条无刺或少刺，树体较紧凑，分枝角度小，顶端优势明显，生长旺盛，萌蘖力强，树高1.5～2.0米。果实多卵圆形，橘黄色，顶端有红晕，果柄长4～5毫米。果实略小，横径0.7～1.0厘米、纵径0.9～1.1厘米。百果重40～60克，每公顷产量10～15吨。成熟期在8月中旬。

5. 橘丰 在中国沙棘中选出的大果、丰产型品种。树体主干型，树高约4米。果实近球形或扁圆形，橘黄色，果柄长2.5毫米。果实横径0.8～0.9厘米、纵径0.5～0.7厘米。百果重25～35克，单株产量20千克，每公顷产量可达15～18吨。但枝条有刺。

6. 橘大 在中国沙棘中选出的大果、丰产型品种。树体主干型，树高约4米。果实近球形或扁圆形，橘黄色，果柄长2毫米。果实横径1.0厘米、纵径0.8厘米。百果重40克，单株产量20千克，每公顷产量可达10～13吨。缺点是枝条有刺。

7. 绥棘3号 黑龙江省浆果研究所育成。树势强，开张，树冠椭圆形，枝条直立，近无刺，丰产。果实橘红色。百果重69.3克，最大单果重1.1克。果柄长3.5厘米。一年生枝棘刺每10厘米0.3个，二年生枝1.0个。结实密度为极密，每10厘米60～65个果，果实较整齐。每公顷产量可达12～18吨，在当地果实成熟期为8月15～20日。

8. 绿洲1号 辽宁省阜新市绿洲沙棘良种选育推广中心育成。植株生长强旺，枝条粗壮、紧凑，叶片宽大、厚，生物量大，果实密集。果皮橘红色。百果重67.5～80.0克，最大单果重1.1克。果味较酸。在当地9月上旬果实成熟。

9. 绿洲2号 辽宁省阜新市绿洲沙棘良种选育推广中心育成。植株生长健壮，树形类似整形后的苹果树。果皮暗橘红色，倒纺锤形。百果重75克，果实密集。在当地8月中旬果实成熟。

10. 绿洲3号 辽宁省阜新市绿洲沙棘良种选育推广中心育成。植株生长健壮，枝条较长，略下垂，果实密集。果皮橘黄色。百果重80～96克，最大单果重1.2克。果味较酸。在当地8月中旬果实成熟。

11. 绿洲4号 辽宁省阜新市绿洲沙棘良种选育推广中心育成。植株生长健壮，叶片窄而密集。果皮橘黄色，外观美，果实纺锤形。百果重67.5～80.0克，最大单果重1.3克。有特殊香味。在当地8月下旬果实成熟。

12. 草新1号 从中国沙棘中选出的无刺或少刺型雄株无性系品种，为饲料型品种。生长旺盛，适应性强，适口性好。

13. 草新2号 从引进的大果沙棘中选出的实生雄性后代，为饲料型品种。生长旺盛，适应性强，萌蘖力强，适口性好，啃食后可再发新梢，很快恢复树势。

14. 红霞 从中国沙棘中选出的无性系观赏品种。树体主干型，特征与中国沙棘相近。果实近球形或扁圆形，橘红色。果柄长2毫米，果实横径0.7厘米、纵径0.6厘米。百果重20～25克，果实极密，单株产量15～20千克。果实9月下旬成熟，落叶后，橘红色的果实依然挂满枝头，极为美观，观赏期可达3个月以上。枝刺较多，容易保存。

15. 乌兰蒙沙 从中亚沙棘中选出的无性系观赏品种。树体主干型，特征与中亚沙棘相近。果实卵圆形或长圆形，橘红色，果色艳丽。果柄长3.5毫米，果实横径0.6～0.7厘米、纵径0.8～1.0厘米。百果重20～25克，结实量大，单株产量15～20

千克。果实8月成熟，果实和种子含油量高。观赏期可达4个月以上，从果实成熟至第二年春浆果不落。

第五节 五味子优良品种

1. 红珍珠 由中国农业科学院特产研究所选育而成，是我国自育的第一个五味子新品种，1999年通过吉林省农作物品种审定委员会审定。

该品种雌雄同株，树势强健，抗寒性强，萌芽率为88.7%。每个果枝上着生5～6朵花，以中、长枝结果为主，平均穗重12.5克，平均穗长8.2厘米。果近圆形，平均单果重0.6克。成熟果深红色，有柠檬香气。果实含总糖2.74%、总酸5.87%，每100克果实含维生素C 18.4毫克，出汁率54.5%，适于药用或作酿酒、果汁的原料。在一般管理条件下，苗木定植第三年开花结果，第五年进入盛果期，三年生树平均株产浆果0.5千克，四年生树1.3千克，五年生树2.2千克。适于在无霜期120天、≥10℃、年活动积温2 300℃以上、年降水量600～700毫米的地区大面积栽培。

2. 早红（优系） 枝蔓较坚硬，枝条开张，表皮暗褐色。叶轮生，卵圆形（9.5厘米×5.5厘米），叶基楔形，叶急尖，叶色浓绿，叶柄平均长2.8厘米，红色。花朵内轮花被片粉红色。果穗平均重23.2克、平均长8.5厘米，果柄平均长3.6厘米。果球形，平均重0.97克，鲜红色。含可溶性固形物12.0%、总酸4.85%。开花期为5月下旬至6月上旬，成熟期在8月中旬。二年生树开始结果，在栽植密度（50～75）厘米×200厘米的情况下，五年生树株产可达2.3～3.0千克。

该品系的优点是枝条硬度大、开张、叶色浓绿，有利于通风透光，光合效率高，抗病性强，果实早熟，树体营养积累充分，丰产稳产性好。

第六节　蓝靛果主要品种

目前国内还没有审定蓝果忍冬品种。东北农业大学已开始从引进的品种及杂交后代中选育优良品系。以下是从俄罗斯引进的蓝靛果品种。

1. 托米奇卡　1987年在前苏联登记注册，是世界上最早的蓝果忍冬品种。植株高大（约1.7米），枝叶稠密。果实较大（0.8～1.3克），长圆形，深紫色，有厚的蜡质果霜。果味酸甜可口。6月中下旬成熟，较耐运输，含糖7.6%，可滴定酸1.9%，每100克鲜果含维生素C 24毫克。

抗寒、抗旱性强，抗病虫害，栽后第二年开始结果，六年生植株产量平均2.6千克，最高3.5千克。但果实成熟不一致。

2. 蓝鸟　1989年在前苏联登记注册，是从堪察加忍冬野生类型中选育出来的。植株高大（1.8米），树势强，开张。果实中等大小（0.7～0.8克），卵形，深蓝色覆白霜，果柄细长。味酸甜，果实软，有淡淡的草莓香气。早熟，6月上旬成熟，需采收2次。含糖5.7%，可滴定酸2.4%，果胶1.1%，每100克鲜果含维生素C 28毫克。

抗寒性强，喜湿，抗病虫害。栽后第二年开始结果，六年生株产1.7～2.0千克。缺点是不耐运输，产量较低，果实成熟时易落果。

3. 蓝纺锤　1989年在前苏联登记注册，由堪察加忍冬野生类型中选育。植株高1.0米左右，树势中等，开张，圆头形。果实较大（0.9～1.3克），纺锤形，深蓝色覆白霜。味酸甜带有轻微的苦味。6月上中旬成熟，需采收2次。含糖7.6%，可滴定酸1.9%，果胶1.14%，每100克鲜果含维生素C 106毫克。

抗寒性强，抗旱。栽后第二年开始结果，十一年生植株平均株产2.1千克。缺点是果实有苦味，成熟时易落果。

4. 贝瑞尔 由蓝鸟和蓝纺锤的混合花粉与阿尔泰忍冬杂交育成。植株高大（约1.7米），枝叶稠密。果实大（1.3～1.6克），卵圆形，两端钝圆。果实几乎黑色，有薄的蜡质果霜。果味酸甜，略带苦味，有香气。果肉密度大，柔软多汁。6月上中旬成熟，可一次性采收，耐运输。含糖7.2%，可滴定酸2.8%，每100克鲜果含维生素C 23毫克。

抗寒性强，抗旱性中等，无病虫害，栽后第二年开始结果，进入丰产期快。四年生树产量平均2.5千克。但果实有轻微苦味。

第七节 软枣猕猴桃优良品种

1. 魁绿 魁绿是中国农业科学院特产研究所1980年在吉林省集安市复兴林场的野生软枣猕猴桃资源中选得，经单株繁殖而成的无性系品种。于1985年开始进行果实性状、农业生物学特性观察和果实加工试验，同时在东北三省进行试栽，1988年在中国农业科学院特产所内扩繁，1993年通过吉林省农作物品种审定委员会审定，原代号8025。

花性为雌能花。主蔓和一年生枝灰褐色，皮孔梭形、密生，嫩梢浅褐色。叶片卵圆形，绿色，有光泽，长和宽为9～11厘米，叶柄浅绿色。雌花生于叶腋，多为单花，花径2.5厘米×2.9厘米，花瓣多为5～7枚。平均单果重18.1克，最大果重32.0克。果实长卵圆形，果形指数1.32，果皮绿色、光滑无毛，果肉绿色、多汁、细腻，酸甜适度，含可溶性固形物15.0%，总糖8.8%，总酸1.5%，每100克鲜果中含维生素C 430毫克、总氨基酸933.8毫克。果实含种子180粒左右。8年生树单株产量13.2千克，最高为21.4千克，平均1 000米^{2}产量为954.6千克。在吉林市左家地区，伤流期4月上、中旬，萌芽期4月中、下旬，开花期6月中旬，9月初果实成熟。在无霜期120天以上，＞10℃有效积温达2 500℃以上的地区均可栽培。

魁绿抗逆性强，在绝对低温－38℃的地区栽培多年无冻害和严重病虫害。适宜栽植在东北向和北向坡地。采用联体棚架，架面高1.8米，株行距2.5米×5.0米，果实成熟好，便于管理。授粉树可用优系61－1雄株，雌雄比例8∶1。采取冬夏结合修剪方法：冬季修剪每平方米保留一年生中、长蔓4～5个，短蔓在不过密的情况下尽量保留；夏季摘心，除延长枝蔓外，最长不超过80厘米，疏除过密枝蔓，每平方米除短枝蔓外，保留9～11个新梢，其中结果新梢为40%左右。

2. 丰绿 丰绿是中国农业科学院特产研究所1980年在吉林省集安县复兴林场的野生软枣猕猴桃资源中选出的单株，经繁殖成无性系品种。于1985年开始进行果实形状、农业生物学特性观察和果品加工试验，同时在东北三省进行试栽。1988年在本所内扩繁，1993年通过吉林省农作物品种审定委员会审定，原代号8007。

树势中庸，萌芽率53.7%，结果枝率52.3%。花性为雌能花。主蔓和一年生枝灰褐色，皮孔花圆形、稀疏，嫩梢浅绿色，叶片卵圆形，深绿色有光泽，长宽为13.9厘米×11.2厘米，雌花生于叶腋，多为双花，花径2.2厘米，花瓣5～6枚。果实卵球形，果皮绿色、光滑无毛，单果平均重8.5克，最大果15克，果形指数0.95，果肉绿色，多汁细腻，酸甜适度。含可溶性固形物16.0%，总酸1.1%，每100克鲜果中含维生素C 254.6毫克、总氨基酸1 239.8毫克，果实含种子190粒左右。8年生树单株产量12.5千克，最高株产24.3千克，平均产量12 363千克/公顷。在吉林市左家地区，伤流期4月上中旬，萌芽期4月中下旬，开花期6月中旬，9月上旬果实成熟。在无霜期120天以上，＞10℃有效积温2 500℃以上的地区均可栽培。

第四章 小浆果优质苗木培育

第一节 蓝莓育苗技术

蓝莓苗木繁殖方式因种而异，高丛蓝莓主要采用硬枝扦插，兔眼蓝莓采用绿枝扦插，矮丛蓝莓绿枝扦插和硬枝扦插均可，其他方法如种子育苗、根状茎扦插、分株等也有应用。近年来，组织培养工厂化育苗方法也已应用于生产。

一、硬枝扦插

主要应用于高丛蓝莓，但不同品种生根难易程度不同。蓝线、卢贝尔、泽西硬枝扦插生根容易，而蓝丰则生根困难。

1. 插条准备与贮存 选择枝条硬度大、成熟度良好且健康的枝条。扦插枝条最好为一年生的营养枝。应尽量选择枝条的中下部作插条。插条的长度一般为8～10厘米。上部切口为平切，下部切口为斜切，切口要平滑。下切口正好位于芽下，这样可提高生根率。插条剪取后每50根或100根一捆，埋入锯末、苔藓或河沙中，温度控制在2～8℃，湿度50%～60%。低温贮存可以促进生根。

2. 扦插基质与苗床 河沙、锯末、草炭、腐苔藓等均可作为扦插基质。比较理想的扦插基质为腐苔藓或草炭与河沙（体积比1∶1）的混合基质。扦插可以在田间直接进行。将扦插基质铺成1米宽、25厘米厚的床，长度根据需要而定。但这种方法由于气温和地温低，生根率较低。

3. 扦插方法　一切准备就绪后，将基质浇透水以保证湿度但不积水。然后将插条垂直插入基质中，只露一个顶芽。插条间距为5厘米×5厘米。扦插不要过密，否则一是造成生根后苗木发育不良，二是容易引起细菌侵染，使插条或苗木腐烂。高丛蓝莓硬枝扦插时，一般不需要用生根剂处理，许多生根剂对硬枝扦插生根作用很小或没有作用。

4. 扦插后的管理　扦插后应经常浇水，以保持土壤湿度，但应避免过涝或过旱。水分管理最关键的时期是5月初至6月末，此时叶片已展开，但插条尚未生根，水分不足时容易造成插条死亡。当顶端叶片开始转绿时，标志着插条已开始生根。

扦插前及插条生根以前苗床不要施肥。插条生根以后开始施入氮肥，以促进苗木生长。肥料应以液态施入，用完全肥料，浓度约为3%，每周1次，每次施肥后喷水，将叶面上的肥料冲洗掉，以免烧叶。

生根育苗期间主要采用通风和去病株方法来控制病害。大棚或温室育苗要及时通风，以减少真菌病害和降低温度。

二、绿枝扦插

绿枝扦插主要应用于兔眼蓝莓、矮丛蓝莓和高丛蓝莓中硬枝扦插生根困难的品种。

1. 剪取插条时间　在生长季剪取插条。由于不同地区植株物候期有差异，应根据枝条的发育状况来判断剪枝条的时期。比较合适的时期为果实初熟期，此时二次枝的侧芽刚刚萌发，或新梢的黑点期。在以上时期剪取插条生根率可达80%～100%。插条剪取后立即放入清水中，避免捆绑、挤压、揉搓。

2. 插条准备　插条长度因品种而异，一般留4～6片叶。插条充足时可留长些，如果插条不足可以采用单芽或双芽繁殖，但以双芽较为适宜，可提高生根率。扦插时为了减少水分蒸发，可去掉插条下部1～2片叶。枝条下部插入基质，枝上部的叶片去掉，有利于扦插操作。同一新梢不同部位作为插条其生根率不同，中上部插条生根率高于基部插条。

3. 药剂处理 蓝莓绿枝扦插时用药剂处理可大大提高生根率。常用的药剂有萘乙酸（500～1 000毫克/升）、吲哚丁酸（2 000～3 000毫克/升）、生根粉（1 000毫克/升），采用速蘸处理，可有效促进生根。

4. 扦插基质与苗床 我国蓝莓育苗中最理想的基质为腐苔藓。腐苔藓作为扦插基质有很多优点：疏松、通气性良好，而且为酸性，营养较全面。扦插生根后根系发育好，苗木生长快。苗床设在温室或塑料大棚内。在地上平铺厚15厘米、宽1米的苗床，苗床两边用木板或砖挡住，也可用穴盘。扦插前将基质浇透水。在温室或大棚内最好装置全封闭弥雾设备，如果没有弥雾设备，则需在苗床上扣高0.5米的小拱棚，以确保空气湿度。如果有全光照弥雾装置，绿枝扦插育苗可直接在田间进行。

5. 管理 将插条速蘸生根药剂后垂直插入基质中，间距以5厘米×5厘米为宜，扦插深度为2～3个节位。插后管理的关键是温度和湿度控制。最理想的是利用自动喷雾装置，利用弥雾调节湿度和温度。温度应控制在22～27℃，最佳温度为24℃。及时检查苗木是否有真菌侵染，拔除腐烂苗，并喷600倍多菌灵杀菌，控制真菌扩散。扦插苗生根后（一般6～8周）开始施肥，施入完全肥料，以液态浇入苗床，浓度为3%～5%，每周施1次。

绿枝扦插一般在6～7月进行，生根后到入冬前只有1～2个月的生长时间。入冬前，在苗木尚未停止生长时给温室加温以促进生长。温室内的温度白天控制在24℃，晚上不低于16℃。

当年生长快的品种可于7月末将幼苗移栽到营养钵中。营养土按马粪、草炭、园田土体积比例1∶1∶1配制，并加入硫黄粉1 000克/米^3。越冬苗需入窖贮存，贮存期间注意保湿、防鼠。

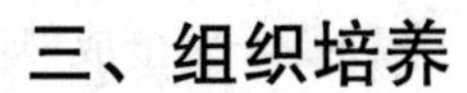

三、组织培养

应用组培方法繁殖速度快，适宜于试材量小的优良品种的快速扩繁。

1. 取材与接种　生长季节选择生长健壮的半木质化的新梢。最好将用于外植体取材的苗木盆栽于日光温室中，每年的3～5月取材。将新梢剪成1.5厘米长的小段，在超净工作台上用0.1%升汞灭菌6～10分钟后，用无菌水冲洗3～5次，剥离茎尖接入到培养基中。

2. 初代培养　用改良的WPM培养基，温度20～30℃，光照12小时，30天后可长出新枝。

3. 继代培养　对已建立的无菌培养物进行继代培养，每40～50天继代1次，以达到快速育苗要求。温度20～30℃，光照2 000～3 000勒克斯，12～16小时。

4. 炼苗与移栽　将准备移栽的瓶苗放在较强光下，并逐渐打开瓶口，使之适应外界环境3天。将苗从瓶中取出，去掉基部的培养基，然后在大棚内插到苗盘中。1个月后即可萌发新根成活。

四、其他育苗方法

1. 根插法　适用于矮丛蓝莓。于春季萌芽前挖取根状茎，剪成5厘米长的根段。育苗床或盘中先铺一层基质，然后平摆根段，间距5厘米，然后再铺一层厚2～3厘米的基质。根状茎上不定芽萌发后即可成为幼苗。

2. 分株法　适用于矮丛蓝莓。许多矮丛蓝莓品种如美登、斯卫克的根状茎每年可从母株向外扩展18厘米。根状茎上的不定芽萌发出枝条后长出地面，将其与母株切断即可成为新苗。

3. 种子繁殖 常用于育种。对某些保守性的品种如矮丛蓝莓品种，当苗木不足时可采用种子繁殖。采种要采完全成熟的果实。采种后可立即在田间播种，也可贮存在−23℃低温下完成后熟后再播种，采用变温处理（1℃低温4天，21℃高温4天）32天后可有效提高萌芽率。用100毫克/升的赤霉素处理也可打破种子休眠。

4. 嫁接法 嫁接繁殖常用于高丛蓝莓和兔眼蓝莓，方法主要是芽接。嫁接的时期为木栓形成层活动旺盛、树皮容易剥离时期。其方法与其他果树芽接基本一致。利用兔眼蓝莓作砧木嫁接高丛蓝莓，可以在不适于高丛蓝莓生长的土壤上（如山地、pH较高的土壤）栽培高丛蓝莓。

第二节　树莓组培工厂化繁苗和根蘖繁苗技术

树莓果实特性及消费用途决定了树莓适于大规模集约化种植。树莓大面积规模化生产就需要苗木能在短时间内形成批量供应。树莓是无性繁殖的多年生植物，因此优良的品种及优质的苗木将影响企业和农户多年的经济效益。

一、树莓组培工厂化繁苗技术

树莓品种苗木主要采用无性系自根苗栽培。树莓采用枝条扦插很难成活，通常只能采取根蘖苗或根插繁殖。而这两种繁殖方法需要的试材量很大，而新品种形成的初期，植株量均不能满足这两种繁殖方法对试材的需求。而通过建立树莓茎尖组培快速繁苗体系，可以利用较少的试材快速培育大量优质苗木，有效解决制约树莓产业发展的苗木缺口问题。

1. 无菌试管苗的建立 在植物生长季节取树莓茎，将叶片

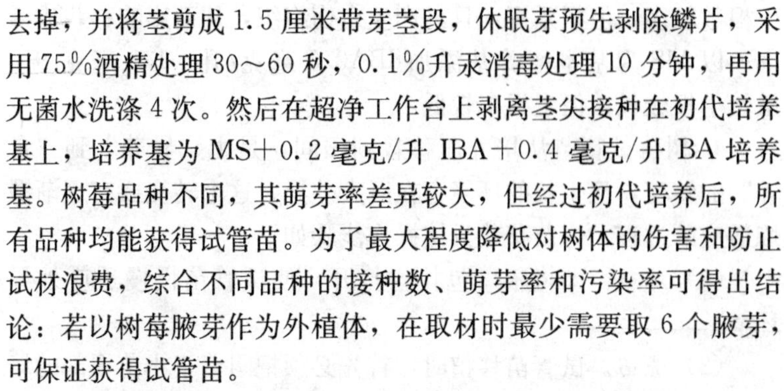

去掉，并将茎剪成 1.5 厘米带芽茎段，休眠芽预先剥除鳞片，采用 75%酒精处理 30～60 秒，0.1%升汞消毒处理 10 分钟，再用无菌水洗涤 4 次。然后在超净工作台上剥离茎尖接种在初代培养基上，培养基为 MS+0.2 毫克/升 IBA+0.4 毫克/升 BA 培养基。树莓品种不同，其萌芽率差异较大，但经过初代培养后，所有品种均能获得试管苗。为了最大程度降低对树体的伤害和防止试材浪费，综合不同品种的接种数、萌芽率和污染率可得出结论：若以树莓腋芽作为外植体，在取材时最少需要取 6 个腋芽，可保证获得试管苗。

2. 继代培养 初代培养约 30 天后，外植体即可长满培养瓶，需转入到新的增殖培养基中，这样一代一代地继续下去，就形成了树莓组培苗的无性繁殖体系。树莓扩繁方法有分株和茎段两种，在扩繁总数中二者分别约占 70%和 30%。结合繁殖系数和树莓组培苗生长状况，美国 22 号的最佳扩繁培养基是 MS+BA0.25 毫克/升+IAA0.3 毫克/升+GA0.3 毫克/升，菲尔杜德的最佳扩繁培养基是 MS+BA0.25 毫克/升+IAA0.2 毫克/升+GA0.3 毫克/升，秋福的最佳扩繁培养基是 MS+BA0.5 毫克/升+IAA0.2 毫克/升+GA0.3 毫克/升。

3. 生根培养 用于快繁研究的树莓品种在原来的继代增殖培养基中难于生根，必须在生根培养基中诱导生根。树莓采用培养基瓶内一步生根法生根。将生长健壮、株高约 2 厘米的茎尖接入生根培养基中诱导生根，生根培养温度为 20～25℃。

通过比较采取不同基本培养基及添加不同浓度的吲哚丁酸的生根培养基试验发现，美国 22 号、菲尔杜德、秋福 3 个品种均以 1/2 MS 为基本培养基时，添加 IBA0.5 毫克/升、1.0 毫克/升生根率较高、单株生根数较多、生根较长，在供试品种中，生根率、平均单株根数、根系平均长度均以秋福最好，菲尔杜德次之，美国 22 号最低，说明前者较易生根，美国 22 号生根较难，菲尔杜德居中；使用 2.0 毫克/升 IBA 时生根率虽高，平均单株生根数较多，但根系短，且易产生愈伤组织，从而影响移栽成活率；以MS为基本培养基添加IBA0.5毫克/升、1.0毫克/升，虽然生根较长，但生根率较低。

4. 树莓试管苗从培养瓶移栽到田间，是由“异养”到“自养”的转变，且生长的环境存在巨大差异，这个转变要有逐渐锻炼适应的过程。炼苗移栽具体操作步骤如下：

（1）炼苗。即将瓶口包扎物打开，使试管苗慢慢适应外界环境。

（2）洗苗。试管苗移植时，首先必须把附着于小苗根部的培养基洗干净，以免细菌侵染。

（3）苗床的准备。移苗的基质通常采用珍珠岩、河沙及蛭石的混合培养土，以利小苗生长。

（4）移栽后的管理。对于刚移植的小苗需要注意掌握光照，开始给予弱光、散射光，经过一段生长后，才能逐步加强光照，使小苗慢慢适应于自然环境条件。

5. 营养钵壮苗及露地移栽 树莓组培苗在沙床上锻炼培养30～40天后，根系发达即可移栽到营养钵壮苗。营养钵壮苗在适宜条件下生长30天后株高超过10厘米，大叶片达到3片以上即可移栽到大田。

二、树莓根蘖繁苗技术

在树莓种苗比较充足，且没有组培条件的地区也可以采用大田根蘖苗繁育的方法，采用规范管理的方法繁殖树莓优质苗。

1. 苗圃地选择 苗圃地设在交通方便的地段。选择背风向阳、地势平坦的地方，育苗地以结构疏松、排水透气性良好的沙壤土为好，土层深厚，至少要40～50厘米，酸碱度适中。地下水位在1米以下，有充分的水源可供灌溉。在疏松、湿润、营养条件良好的土壤中，根蘖苗发育较好。

2. 整地　秋天使用深耕犁深翻35～40厘米，冬季冻垡，翌年春天再次深耕后耙平。按照需要做好苗床，最好将苗圃划分为若干小区，便于管理和起苗操作，并能提高土地利用率。苗床做好后立即施肥，每公顷施用充分腐熟的家畜粪肥30 000～37 500千克，磷酸二铵300～375千克，全面均匀地撒施于苗床，再进行一次翻耕，使肥料和土壤混合均匀，整平苗床，灌透底水，以备育苗。如有必要可在二次翻耕时进行土壤消毒以预防和减少苗圃病虫害发生。

3. 定植　定植株行距为50厘米×100厘米。栽植方式可挖沟带状栽植，也可挖穴栽植。施足基肥，浇足底水。每公顷栽植株数约21 000株。

4. 田间管理　加强对母株的管理，保持土壤疏松、湿润、营养充足。繁殖母株进入第三年的春季，可在距母体40～60厘米的地方进行适当断根，促发根孽苗。疏除弱小、过密的根蘖苗，使根蘖苗之间保持10～15厘米的距离。形成根蘖苗以后要及时断根，切除幼苗与主体的联系，断根要适时，过早则幼苗成活困难且苗弱，过迟则影响出苗数量，一般在幼苗长出地面1个月左右进行。幼苗在当年秋季或翌年春季即可出圃移栽。

5. 起苗与假植　秋天，树莓停止生长后，将植株40厘米以上茎剪去，然后开始起苗。深挖带根移栽，起苗时注意保护根系。根蘖苗挖出后，平整圃地，填平挖苗移穴，加强对母株的管理，翌年又可萌生大量根孽苗。

挖苗后需要进行修剪、分级及计数。剪留长度为25～30厘米。茎粗小于0.5厘米的苗木，根系不发达的，有根瘤、根腐等病虫害的苗木都需要分拣出去。需外运的苗木，要进行包装运输。20株捆成一捆，做好品种标记，放入纸箱中，用湿锯末撒满根部，再用塑料薄膜包严，即可进行运输。调运苗木前，应根据要求，进行消毒处理。

当年不栽植苗木要进行假植。假植方法是开一条假植沟，其方向要避风向阳。沟的宽度和深度要根据当地的气候条件而定，长度要根据苗木的数量和地块来定。将苗木根部朝下摆放在沟内，每一品种放入标牌，以防混杂。随后用土埋严，埋土厚度高出苗木茎基10厘米左右，使苗木尤其是根系与土密接，防止根系失水。沟口上用草帘或玉米秸秆覆盖，防冻保墒。

第三节　穗醋栗和醋栗育苗技术

穗醋栗和醋栗育苗主要采用无性繁殖的方法。穗醋栗的枝条（茎）易发生不定根，适宜扦插和压条繁殖，同时由于其株丛的枝条数目多，可以进行分株繁殖。生产上穗醋栗以扦插繁殖最为普遍，而醋栗主要采用压条繁殖。

一、穗醋栗扦插繁殖

1. 硬枝扦插　在春季萌芽前利用前一年新生健壮的木质化枝条作插段进行扦插，苗木成苗率高，是主要的扦插繁殖方法。

在秋季穗醋栗落叶后埋土防寒以前，剪取当年生基生枝，剪下的插条去掉未落尽的叶片，每50根或100根为一捆立即进行贮存。在露地选择干燥向阳处，挖深50～60厘米、宽1～2米的沟，将捆好的枝条摆放在沟内，每摆放一层填一层土，尽量使土填满枝条间的空隙。一般摆放2～3层，浇足水，最后盖上15厘米左右厚的碎土，待上大冻以后再用土将沟全部封严，这样即可安全越冬。也可窖藏：事先准备好干净的河沙，枝条入窖时，先在窖底铺一层湿沙，再把成捆的枝条横卧摆放至窖中，一层湿沙一层枝条，使湿沙进入捆内枝间空隙。堆放枝条不能太高，1～2层即可，否则透气不良易引起霉烂。控制窖温在0℃左右。要定期检查，防止干燥或发霉。

选择土壤肥沃、土层深、地势平坦、灌水方便的地块。在扦插前一年的秋季每667米^{2}先施入2 500～3 000千克腐熟的有机肥，深翻20厘米左右。春季土壤解冻后即可做扦插床。在地势较低洼、地下水位高的园地宜做高床；畦（低床）浇水方便，适于地势高和春季干旱的园地。畦（或床）的宽度为1.0～1.2米，长度一般10～20米，沟埂宽30厘米左右。床面要搂平，插前灌足底水。

在扦插前一天将枝条从储藏沟中取出，放在水池中浸泡12～24小时，使其充分吸水，然后剪成段。段长10～15厘米，保留2～3个饱满芽，上端剪口要平，下端剪口斜下，呈马蹄形，便于插入土中及增加生根的面积。剪后立即扦插，避免风干。

株行距为10厘米×15厘米。插条与地面呈45°角，插条基部处于温度高水分多的地方，以利于发生新根。扦插的深度以剪口芽与地面相平、覆细土后剪口微露为宜。扦插后立即浇水。水渗下后要在畦或床面上盖一层细土，以防土壤干裂。可采用地膜覆盖法减少灌水次数，提高地温，提高扦插成活率。

扦插后1周即可萌芽，2～3周后开始生根。要经常检查土壤湿度，及时浇水、除杂草和松土。苗高20厘米左右时应追肥1次，每667米^{2}施入硝铵或尿素15～20千克。

2. 绿枝扦插 在生长季节利用当年生半木质化新梢作插段进行绿枝扦插。

可用筛过的细壤土或腐熟的草炭土10～18厘米厚，上面铺5～10厘米厚的细河沙，或用泥炭土与蛭石、珍珠岩的混合物作床土，床面要平整。插床上要有遮阴条件，可采用简易的塑料棚，也可用较密的竹帘搭遮阴棚，目的是遮阴和保水。

扦插在基生枝半木质化时进行，哈尔滨地区为6月中、下旬。枝条应采自品种纯正、生长健壮的母株，可结合夏季修剪采集枝条。将枝条截成段，每段2～3节，保留1～2个叶片。剪好的插条应立即浸入水中。扦插株行距为10厘米×15厘米。将带叶的插段斜插入基质中，深度插到叶柄基部，露出叶面，插好立即喷水，遮阴，防止叶片萎蔫。

扦插后管理的关键是温、光、水的调节。采用喷水、遮阴等方法来调节湿度与温度。对扦插苗的管理还应该注意光照，早晚或白天天气不太热的时候，可以除去遮阴物，以便叶片充分利用光能进行光合作用。扦插后5～8天就可以形成愈伤组织，2周左右便可生根。生根以后可以减少浇水的次数，当新梢长到2～3厘米时，便可去掉遮阴物，进行正常的管理。

二、分株繁殖

醋栗和穗醋栗于落叶后或萌芽前在株丛的外围挖取带根的基生枝或多年生枝，重新栽植到另一处，成为一个新的株丛。此法繁殖系数低，但形成株丛快，方法简单，容易成活。

三、苗木出圃

穗醋栗和醋栗的苗木在秋末冬初落叶后起苗，黑龙江省一般在10月中旬进行。起苗的先后可根据苗木停止生长早晚而定，停止生长早的品种可先起苗，停止生长晚的品种可晚起苗。

起苗前在田间做好品种标记，防止苗木混杂。如果土壤干燥应先灌水，这样容易操作，并且可以减少根系损伤。起苗时穗醋栗和醋栗植株已进入休眠期，根系不带土，若立即定植，以带些泥土更好。起苗时用铁锹距苗木20厘米处下锹，尽量不伤及根系和苗干。将根系挖伤及劈裂的部分剪掉，按苗木不同质量进行分级。优质苗木的标准是：品种纯正，根系发达，须根多，地上部枝条健壮充实并有适当的高度和粗度，芽眼饱满，无病虫害和机械损伤。

秋天挖出或由外地运进的苗木，不进行秋季栽植时需假植。假植地应选择地势平坦、避风、干燥不积水的地方。假植沟最好南北延长，沟宽1米、深50厘米左右。假植时，苗向南倾斜放入，苗根部要充分填以湿土，以防漏风。一层苗木一层土，培土厚度至少露出苗高1/3～1/2，上大冻前用土将苗全部埋严，整个埋土厚度15～20厘米。土干时应浇水防止苗木风干。不同品种苗木要分区假植，详加标记，严防混杂。

外运的苗木，为防止途中损失必须包装。包装材料就地取材，最好用保水好的材料，并在根部加填充物——湿锯末或浸湿的碎稻草，以保持根部湿润，外边用绳捆紧把根部包严。一般50株或100株捆1包，挂上标签，注明品种名称、收苗单位即可发运。如果远途运输，在途中还应适当浇水，以防苗木抽干影响成活率。

第四节 沙棘育苗技术

沙棘的繁殖方法很多，有种子繁殖、扦插、压条、根蘖和嫁接等。除营林、良种选育、水土保持及观赏园艺中采用实生繁殖外，其余均采用无性繁殖。中国沙棘造林以实生育苗为主。种子繁殖的实生苗，不仅品种性状不能保持，而且雄株所占的比例很大。根蘖繁殖又因其速度慢、繁殖系数低，在生产中也只能作为一种辅助方法应用。所以，沙棘作为药用植物和果树树种栽培时最理想的集约化育苗方法是扦插。

一、扦插繁殖

（一）绿枝扦插

1. 建立母本园 母本植物园的建立对地理位置、土壤要求同其他果树。其栽植的品种要经过严格鉴定并确认是纯正的、生长发育健壮的自根苗木。母株栽植的行距为2.5米，株距0.5米，每公顷栽植8 000株。其中，雄株按低于15%的比例配置。

母本园面积的大小应视扦插繁殖苗木的数量而定。一般从一株发育中等的母株上可采 50 根枝条。若扦插 10 万株嫩枝插条，则至少应该有 2 000 株沙棘母株。

2. 嫩枝插条的采集 插条应选自树冠生长势中等的半木质化的生长枝和一次分枝。采后将插条剪成 7～10 厘米长、含10～15 个芽的短枝，下切面距最下一芽 3～4 毫米，上切口距上芽 2～3 毫米。剪截后，去掉下部 5～6 片叶，每 50 条一捆。注意保湿防止失水。

为促进插条迅速生根，扦插前可用萘乙酸、ABT 生根粉、吲哚乙酸和吲哚丁酸进行处理，其中以吲哚丁酸处理效果最好。通常不成熟的插条使用 10～25 毫克/升吲哚丁酸溶液，较成熟的插条用 25～50 毫克/升溶液处理，充分成熟的插条用 50～100 毫克/升溶液处理。处理插条的水溶液温度保持在 20～25℃，处理时间 14～16 小时，浸泡时插条浸入溶液的高度宜为 1.5～3.5 厘米。

3. 扦插基质 扦插基质应符合疏松、透气、保湿要求。最佳基质为纯粗沙或沙与泥炭土混合物，体积比为 3∶1。基质应进行杀菌消毒处理以减少病虫害发生。粗壮和易发根的品种插穗可用相对粗糙的基质以增大孔隙度，较细弱和不易生根的插穗底层可选用较粗糙基质，上面再铺一层细小的基质。

4. 扦插 东北地区沙棘绿枝扦插适宜时间为 6 月下旬至 7 月上旬，华北地区可在 6 月下旬至 8 月上旬。此时插条处于半木质化状态，有利扦插成活。扦插密度为 7 厘米×3 厘米。扦插过密，通风和光照不良，易引起树叶凋落、插条霉烂和影响生根。扦插深度根据插穗粗细确定。粗壮易生根的插穗，扦插深度可略深些，约 5 厘米，细弱和不易生根的插穗扦插深度以 3.0～3.5 厘米为宜。

5. 水分管理 扦插后，要控制插床周围空气和土壤湿度。在插穗愈伤组织形成期适宜的喷水方法是少而勤，即每次喷水量以叶片表面刚产生径流现象为标准。缩短每次喷水间隔时间，即第一次喷水后到发现插穗顶端第一、第二个叶片边缘稍有下垂萎蔫时即可进行第二次喷水。在生根期喷水的间隔时间应逐渐加大。到成活稳定期每次喷水量应逐渐加大，喷水间隔期逐渐拉长。临近秋季，要逐步减少灌水，使插条得到锻炼，发育充实。

6. 温度的调控 沙棘插穗生根对温度的要求大体可以分为3个阶段：

根原基形成期：气温应保证25～35℃，土壤温度25℃较好。白天控制在30℃左右，温度低时增加光照。此期主要是插穗下端愈伤组织形成和分化不定根，需要相对较高的温度。

根形成期：气温宜控制在28～30℃，土壤温度20℃以上较好。因该期主要是根的生长，温度过高会抑制或减缓生根。

根系生长成苗期：温度宜控制在20～30℃，此时根系已经形成，适当降温有利于根系生长和组织充分成熟。

7. 光照的调控 在不同阶段对光照要求不同：根原基形成前期，不宜强光直射，尤其扦插后的前3～4天，应半遮阴以防止接穗脱水萎蔫；根原基形成后期，此时接穗已经渡过缓苗期，应提高光照以增加叶片光合能力；根系生长成苗期：采用全光照。

（二）硬枝扦插

1. 采集插条 东北寒冷地区采集插条时间应在早春树液未流动时，约在3月下旬为宜。从母本园选择优良雌、雄株，剪取直径0.6～1.5厘米的一、二年生枝条，雌、雄株分开放置。将采下的枝条50根打成一捆并挂牌标记，插条基部插入湿沙中，保存在1～3℃的冷窖中或放在阴凉处用湿麻袋盖好备用。存放期间要保持湿润。

华北等地区主要在冬季采接穗。将接穗用清水洗净，用

0.2%的多菌灵浸泡灭菌3～6小时后，洗净阴干，假植。注意保持水分。

2. 扦插 东北地区在4月下旬至5月上旬、华北地区在3月下旬至4月上旬进行扦插。将插条剪成15厘米长，下端剪成斜茬，上端剪成平茬，剪口下留一饱满芽。把剪好的插条做好雌、雄标记，用清水洗净，再用NAA（萘乙酸）1 000毫克/升溶液速蘸插条基部2～3分钟，或用ABT生根粉400毫克/升浸泡插条基部2～3小时，然后再扦插。

3. 苗圃地准备 选择有灌溉条件、交通方便、距造林或种植园较近的肥沃土地作为苗圃。先施足农家肥作基肥，深翻耙平，作畦。畦宽1～2米、长10米左右。畦上作垄，宽25～30厘米、高10～15厘米，修好灌溉渠道。

4. 扦插 将处理好的插条按类别、雌雄分开后，垂直插入垄中，插条上端露出2～3厘米。扦插行距20～25厘米，株距10厘米，每公顷插20万～30万根插条。插条周围要踏实，然后立即灌水，渗水后用地膜覆盖。

当新梢长到10厘米左右时，只保留1个健壮新梢，其余去掉。苗圃要及时松土、除草，适时浇水，注意防止土壤板结。到秋末成苗后即可出圃。

二、压条繁殖

主要有水平压条、弓形折裂压条和直立堆土压条。

1. 水平压条 早春芽未萌动时剪取二年生枝条，去掉顶部未木质化部分，剪成15厘米的段，每2～3条一束埋入湿锯末中，10～15℃保温。10天后愈伤组织长出，取出枝条埋入苗圃。苗圃浇水后挖5厘米浅沟，放入枝条，埋土3厘米，再覆2厘米湿锯末，2周后可萌出新梢。

2. 弓形折裂压条 春季在株丛四周松土后，挖浅沟，将枝条弯向地面，放入沟中，将入土部位折断，梢部露出，以利愈伤组织形成。秋季生根后，扒出剪离母体即可。

3. 直立堆土压条　春季在株丛每一分枝的基部树皮上切一小口，以利生根。切口用纱布包好后，用湿土将整个株丛基部埋住，顶部露出，上面再盖一层锯末，周围挖沟，经常浇水。秋季挖开土堆，每一生根分枝即为一株新苗。

三、嫁接繁殖

枝接，可在砧苗上低接或在成龄树上高接。嫁接一般在 4 月春季树体萌动前进行。先剪接穗，以 2～3 年生枝条为好，剪成 5 厘米长的段，下口斜剪以区分上下端，挂蜡保湿，将下部削成楔形。将砧木剪断，用刀从中间劈开，插入接穗，接穗应与砧木同粗或比砧木稍细，对齐一侧形成层，用塑料条绑好。枝条成活率因砧穗间组合不同有很大差异。

芽接多采用 T 字形芽接，嫁接时期在枝条离皮时进行，北方约在 6 月。在树冠外围和中部剪取芽体饱满的粗壮枝条，用芽接刀从距芽下 1 厘米处往上斜削入枝条，深达木质部，再在芽上 0.5 厘米处横切一刀至第一刀口处，轻轻掰下接穗芽，保湿。然后在砧木枝条上切一 T 字形切口，用竹签离皮，插入接穗芽，上部接齐，用塑料条绑缚好，芽可露出。一般情况下，以一年生枝为砧木低位芽接成活率高。

四、根蘖繁殖

沙棘定植 3～4 年后，水平根上即开始萌发根蘖苗，也称串根苗。4～5 龄的株丛发生根蘖苗最多，质量也最好。为了得到高质量的根蘖，必须对母株加强管理，保持土壤湿润、疏松和营养充足，疏去过密的而选留发育良好的根蘖苗，使它们之间的距离在10～15厘米。待根蘖苗长至第二年秋季或第三年春季4月上旬挖出栽植。需要远途运输的苗木也可以秋季栽植，或秋季取苗，假植在有防风林设施而且不积水的地方，第二年春定植。

五、实生繁殖

实生选种或用中国沙棘人工造林时用这种方法繁苗。中国沙棘种子小，顶土力弱，种皮坚硬，表面附有油脂状胶膜，吸水膨胀困难，刚出土的幼苗非常脆弱，遇到干旱或地表板结就会死亡。这是目前播种育苗和直接造林失败的主要原因。

播种前用50℃温水浸种1～2天，捞出播种；或清水泡1～2天，捞出摊放，在24～30℃温度下2～3天出芽后即可播种。一般在早春地表5厘米处地温达10℃时播种，可垄播或床播。每公顷播种量90千克，行距25厘米，沟深4～5厘米，覆土5厘米，镇压后覆盖，15天左右可出苗。以株距5～6厘米定苗、松土、除草、灌水、追肥、防病虫害。秋季可成苗。

第五节　五味子育苗技术

一、实生繁殖育苗

8月末至9月中旬采收成熟果实，搓去果皮果肉，漂除瘪粒，放阴凉处晾干。12月中、下旬用清水浸泡种子3～4天，每天换水1次，然后按1∶3的比例将湿种子与洁净细河沙混合在一起，沙子湿度通常掌握在用手握紧成团而不滴水的程度，放入木箱或花盆中存放，温度保持在0～5℃。在我国东北地区，亦可在土壤封冻前，选背风向阳的地方，挖深60厘米左右的贮藏沟，沟的长宽视种子的多少而定，将拌有湿沙的种子装入袋中放

在沟里，上覆10～20厘米的细土，并加盖作物秸秆等进行低温处理，第二年春季解冻后取出种子催芽。五味子种子层积处理或低温处理所需要的时间一般为80～90天，播种前半个月左右把种子从层积沙中筛出，置于20～25℃条件下催芽，10天后大部分种子的种皮裂开或露出胚根，即可播种。由于五味子种子常常带有各种病原菌，致使五味子种子催芽过程中和播种后发生烂种或幼苗病害。因此，在催芽或播种前，五味子种子进行消毒处理是十分必要的。用种子质量0.2%～0.3%多菌灵拌种，拌后立即催芽或播种，也可用50%咪唑霉400～1 000倍液或70%代森锰锌1 000倍液浸种2分钟，效果较好。

为了培育优良的五味子苗木，苗圃地最好选择地势平坦、水源方便，排水好，疏松、肥沃的沙壤土地块。苗圃地应在秋季土壤结冻前进行翻耕、耙细，翻耕深度为25～30厘米。结合秋翻施入基肥，每667米^{2}施腐熟农家肥4～5米^3。

露地直播可实行春播（吉林地区4月中旬左右）和秋播（土壤结冻前）。播种前可根据不同土壤条件做床。低洼易涝、雨水多的地块可做成高床，床高15厘米左右；高燥干旱，雨水较少的地块可做成平床。不论哪种方式都要有15厘米以上的疏松土层，床宽1.2米，床长视地势而定。耙细床土清除杂质，搂平床面即可播种。播种采用条播法，即在床面上按20～25厘米的行距，开深度为2～3厘米的浅沟，每667米^{2}用种量5～8千克，播种量10～15克/米^2。覆1.5～2.0厘米厚的细土，压实土壤，浇透水。在床面上覆盖一层稻草、松针或加盖草帘，覆盖厚度以1.0厘米左右为宜，既可保持土壤湿度又不影响土温升高。为防止立枯病和其他土壤传染性病害，在播种覆土后，结合浇水喷施50%多菌灵可湿性粉剂500倍液。

当出苗率达到50%～70%时，撤掉覆盖物并随即搭设简易遮阴棚，幼苗长至2～3片真叶时撤掉遮阴物。苗期要适时锄草松土。当幼苗长出3～4片真叶时进行间苗，株距保持在5厘米左右为宜。苗期追肥 2 次，第一次在拆除遮阴棚时进行，在幼苗行间开沟，每平方米施硝酸铵 20～25 克、硫酸钾 5～6 克；第二次追肥在苗高 10 厘米左右时进行，每平方米施磷酸氢二铵 30～40 克、硫酸钾 6～8 克。施肥后适当增加浇水次数以利幼苗生长。进入 8 月中旬，当苗木生长高度达到 30 厘米时要及时摘心，促进苗木加粗生长，培养壮苗。栽培过程中要注意白粉病的发生，当发现有白粉病时，可用粉锈宁 25％可湿性粉剂 800～1 000倍液、甲基托布津可湿性粉剂 800～1 000 倍液及粉锈安生 70％可湿性粉剂 1 500～2 000 倍液进行防治。

在其他管理措施一致的前提下，撤掉覆盖物后也可以不设遮阴设施，在幼苗出土后至长出 2～3 片真叶前由常规遮阴改为上午 10～12 时、下午 13～15 时用喷灌设备向苗床间歇式喷雾，既节省遮阴设备的成本，又使成苗率和苗木质量显著提高。

二、无性繁殖育苗

1. 绿枝劈接繁殖 先用实生育苗方法培养砧木，在冬季来临之前如砧木不挖出，则必须在上冻之前进行修剪，每个砧木留 3～4 个芽（5 厘米左右）剪断，然后浇足封冻水，以防止受冻抽干。如拟在第二年定植砧苗，则可将苗挖出窖藏或沟藏，这样更利于砧苗管理，第二年定植时也需要剪留 3～4 个芽定干。原地越冬的砧木苗来年化冻后要及时灌水并追施速效氮肥，促使新梢生长，每株选留新梢 1～2 个，其余全部疏除，尤其注意去除基部萌发的地下横走茎。用砧木苗定植嫁接的，可按一般苗木定植方法进行，为嫁接方便可采用垄栽。

在辽宁中北部和吉林各地可在 5 月下旬至 7 月上旬进行，嫁接时最好选择阴天，接后遇雨则较为理想，阳光较为强烈的晴天在午后嫁接较为适宜。

嫁接时选取砧木上发出的生长健壮的新梢，新梢留下长度以具有2枚叶片为宜。剪口距最上叶基部1厘米左右，砧木上的叶片保留。接穗要选用优良品种或品系的生长茁壮的新梢和副梢，去掉叶片，只留叶柄。接穗最好随采随用，如需远距离运输，应做好降温、保湿、保鲜工作，以提高成活率。嫁接时，芽上留0.5～1.0厘米，芽下留1.5～2.0厘米，接穗下端削成1厘米左右的双斜面楔形，斜面要平滑，角度小而均匀。

在砧木中间劈开一个切口，把接穗仔细插入，对齐接穗和砧木二者的形成层，接穗和砧木粗度不一致时对准一边，接穗削面上要留1毫米左右，有利于愈合。接后用宽0.5厘米左右的塑料薄膜把接口严密包扎好，仅露出接穗上的叶柄和腋芽（图4-1）。在较干旱的情况下，接穗顶部的剪口容易因失水而影响成活，可用塑料薄膜“戴帽”封顶。

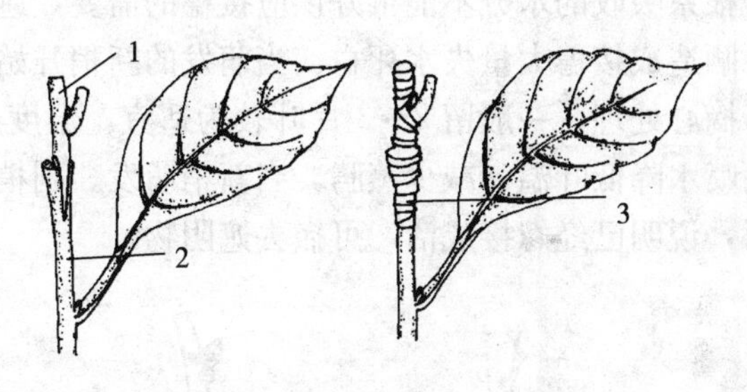

图4-1　五味子绿枝劈接
1. 接穗　2. 砧木　3. 嫁接状

嫁接时砧木要较鲜嫩，过分木质化的砧木成活率不佳；接穗要选择半木质化枝段，有利成活；接口处的塑料薄膜一定要绑好，不可漏缝，但也不可勒得过紧；接前特别是接后应马上充分灌水并保持土壤湿润；接后仍需及时除去砧木上发出的侧芽和横走茎；接活后适时去除塑料薄膜。

2. 硬枝劈接繁殖　落叶后至萌芽前采集一年生枝作接穗，结冻前起出一至二年生实生苗作砧木，在低温下贮藏以备次年萌芽期进行劈接（或不经起苗就地劈接）。嫁接前把接穗和砧木用清水浸泡12小时。接穗应选择粗度≥0.4厘米、充分成熟的枝条，剪截长度4～5厘米，留1个芽眼，芽上剪留1.5厘米，芽下保持长度为3厘米左右。用切接刀在接穗芽眼的两侧下刀，削面为长1.0～1.5厘米的楔形，削好的接穗以干净的湿毛巾包好防止失水；在砧木下胚轴处剪除有芽部分，根据接穗削面的长度，在砧木的中心处下刀劈开2厘米左右的劈口，选粗细程度大致相等的接穗插入劈口内，要求有一面形成层对齐，接穗削面一般保留1～2毫米“露白”，然后用塑料薄膜将整个接口扎严（图4-2）。把嫁接好的苗木按5厘米×20厘米的株行距移栽到苗圃内，为防止接穗失水干枯，接穗上部剪口处可以用铅油密封。移栽后10～15天产生愈伤组织，30天后可以萌发。当嫁接苗30%左右萌发时应进行遮阴，因为此时接穗与砧木的愈伤组织尚未充分结合，根系吸收的水分不能很好供应接穗的需要，遮阴可以防止高温日晒造成接穗大量失水死亡。当萌发的新梢开始伸长生长时需进行摘心处理，一般留2～3片叶较为适宜。温度超过30℃时可叶面喷水降低叶温，减少蒸腾。当新梢萌发、副梢开始第二次生长时，说明已经嫁接成活，可撤去遮阴物。

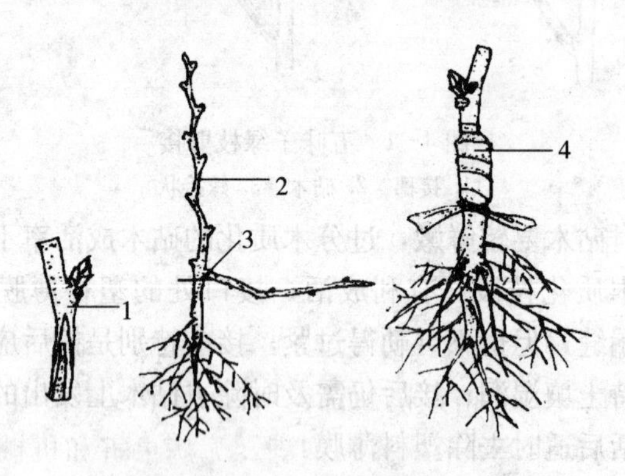

图4-2 五味子的硬枝劈接繁殖

1. 接穗 2. 砧木 3. 剪切处 4. 嫁接状

3. 压条繁殖 压条繁殖是我国古老的繁殖方法之一，它是利用一部分不脱离母株的枝条压入地下，使枝条生根繁殖出新的个体，其优点是苗木生长期养分充足，容易成活，生长壮，结果期早。

压条繁殖多在春季萌芽后新梢长至10厘米左右时进行。首先，在准备压条的母株旁挖15～20厘米深的沟，将一年生成熟枝条用木杈固定压于沟中，先填入5厘米左右的土，当新梢至20厘米以上且基部半木质化时，再培土与地面平（图4-3）。秋季将压下的枝条挖出并分割成各自带根的苗木。

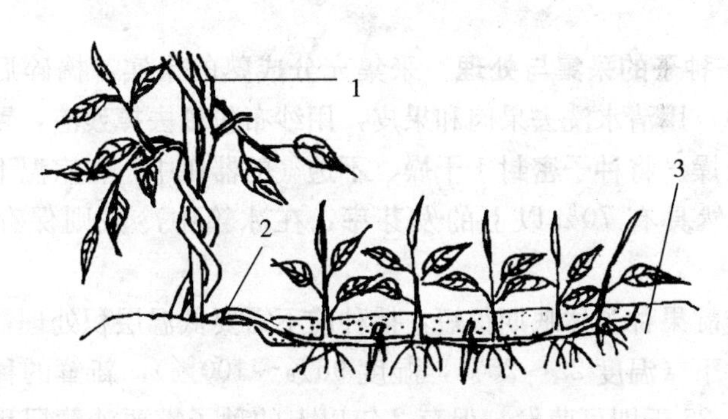

图4-3　五味子压条繁殖

1. 主蔓　2. 压条　3. 土壤

三、苗木的分级标准

五味子苗木的分级是根据苗木根系、枝蔓生长发育和成熟情况进行的。分级标准：一级苗，根颈直径0.5厘米以上，茎长20厘米以上，根系发达，根长20～25厘米，芽眼饱满，无病虫害和机械损伤；二级苗，根颈直径0.35厘米以上，茎长15～20厘米，根长15～20厘米，芽眼饱满，无病虫害和机械损伤；三级苗，根颈直径0.34厘米以下，茎长15厘米以下，根长10厘米以下。一、二级苗可作为生产合格用苗，三级苗不能用于生产，应回圃复壮。

第六节　蓝靛果育苗技术

蓝靛果同其他果树一样，如果栽培优良品种，必须利用扦插、压条、组织培养等无性繁殖技术进行育苗。在我国东北的一些林区，以前一直利用种子进行实生育苗。

一、实生繁殖育苗

1. 种子的采集与处理　采集充分成熟的果实，捣碎后放入容器中，用清水洗去果肉和果皮，用纱布包裹去掉残渣，置于阴凉处干燥。将种子密封于干燥、不透气的器皿中，在室温下保存2年仍然具有70%以上的发芽率，在冰箱中冷藏则保存时间更长。

蓝靛果种子休眠期很短，播种前不需要低温层积处理，在适宜条件下（温度22～25℃，湿度96%～100%），新鲜的种子经过18～25天即可萌发。保存2年以上的种子需要沙藏层积处理30天。

2. 苗圃地的选择及播前准备　苗圃地应选择地势平坦、水源方便、排水良好、土壤疏松肥沃的地块。于上一年秋季土壤结冻前对土地进行翻耕，翻耕深度为25厘米。结合秋翻施入基肥。播种前做长10米、宽1.0～1.2米、高20厘米的苗床。做床时要对土壤拌入杀虫剂消毒，防止地下害虫为害。

3. 播种方法　播种技术与番茄的育苗类似。种子取出后用冷水浸泡1天，与消过毒的河沙以1∶3的比例拌匀，置于22～25℃的环境中催芽，每天翻动2～3次，保持种子和沙子湿润。2周后种子开始萌发即可播种。由于蓝果忍冬的种子小，播前一定要将床面镇压平整，浇透底水。播种可采用条播或撒播。播种后覆4～6毫米的过筛腐殖土，用镇压板轻镇压，浇透水后在苗床

上面用草帘或松针覆盖保墒。

4. 苗期管理　待幼苗出土后及时撤除草帘或松针，支起拱形遮阳网，既保持苗床湿度，又防止日灼发生。蓝果忍冬种胚小，萌芽力弱，出土后根部幼嫩，地茎纤细，要防止干旱、大风等危害。浇水要本着少量多次的原则，既保证供给苗木充足的水分，同时又降低苗床湿度。在幼苗出齐后，可正常浇水管理。为了防止立枯病和其他土壤传染性病，播种后每隔 7～9 天喷施 1 次立枯净药液，直到长出真叶。苗期追肥 2 次，第一次在出齐苗后，在幼苗行间开沟，每个苗床施硝酸铵 200～250 克、硫酸钾 50～60 克；第二次在 8 月下旬至 9 月初，每个苗床施磷酸二铵 300～400 克、硫酸钾 60～80 克，施肥后浇透水。

二、无性繁殖育苗

1. 压条繁殖　多在春季萌芽后新梢长到 7～8 厘米时进行。首先，在压条的株丛旁开 10～15 厘米深的浅沟，把要压的枝条用土埋入沟中，用木钩固定然后覆细土 5～10 厘米并踏实。秋季将压下的枝条挖出并分割成单株。

2. 分株繁殖　适于株龄较长的植株，一般在秋季进行。分株后的单个植株应保留 1～2 个粗壮枝条、2～3 条长度不小于 20 厘米的骨干根。为提高成活率，可将枝条剪留 30～40 厘米的长度。此法繁殖系数低，一般成龄株可以得到 4～6 个分株苗。

3. 硬枝扦插　冬季或早春，在蓝果忍冬株丛中选取生长粗壮的当年生枝条，剪成 15 厘米长的插条，留 1～2 对芽，然后每 50 支或 100 支 1 捆，放入窖内，基部用湿河沙培土。4 月中下旬进行扦插。在大棚或温室内首先做成 1.3 米宽的苗床，基质用筛过的河沙和珍珠岩，扦插前用 0.5%的高锰酸钾消毒。插条用 100 毫克/升的 ABT 生根粉浸泡 4 小时。扦插株行距 5 厘米×10 厘米，45°角斜插入土，深度为 10～12 厘米，浇透水。大棚内的温度控制在28℃以内，超过此温度要通风降温，湿度控制在80%，土壤温度在20℃左右。后期需注意防病防虫。扦插25天后开始生根，60天后可移栽。

4. 绿枝扦插 绿枝扦插是蓝果忍冬最主要的育苗方式。东北农业大学经过多年试验，已总结出一套成熟的绿枝扦插技术。

在塑料中棚或小拱棚内准备苗床。床长20米左右，床面宽1.2米，两床间隔0.7米，床面与原地面平、四周做小土埂。床面表层的基质为草炭、细沙和表土混合而成，体积比为1∶1∶1，拌匀铺于插床表层，厚度5～7厘米。半木质化枝条的顶部、中部和基部都可用来扦插。剪取生长粗壮的刚刚封顶的基生枝作插条最好，其叶片均已成龄，绿枝营养较为丰富，新芽萌发和新根发生都比过嫩的插穗早。立即将插条基部浸入水中，避免失水。插穗长4～6厘米，保留上面1对叶片。放入盛水容器中的插穗，随插随取，注意不能浸水时间过长。

试验证明，在枝条进入缓慢生长期的时候采集插条成活率很高，可达到96%～100%。在哈尔滨蓝靛果的扦插适宜时期是5月下旬至6月上旬，在此期间内宜早不宜迟。早插则棚内的温度、湿度都容易控制，插穗处于安全的环境中，有利于提高成活率。

在扦插的当天或前一天给插床充分浇水，浇后仍保持床面平整。株行距为7厘米×10厘米，叶与行向垂直，各行插穗上的叶片彼此平行，插入基质的深度为2～3厘米。叶片与地表有1～2厘米的距离。如果基质粗糙、硬度过大，应先用细木棍插孔后，再插入插穗。应边扦插边喷水。

扦插后7天内每天早午晚各喷1次水，8～30天每天喷2次水。扦插后30天，绝大部插穗都已生根，可以撤棚模进行锻炼，数日后全部撤掉棚膜。撤膜后蒸发量加大，浇水量应加大。在插条生根前，应注意保湿和遮阴。适宜的相对空气湿度为95%～100%，气温25～27℃，土温22～24℃。当80%插条生根时应

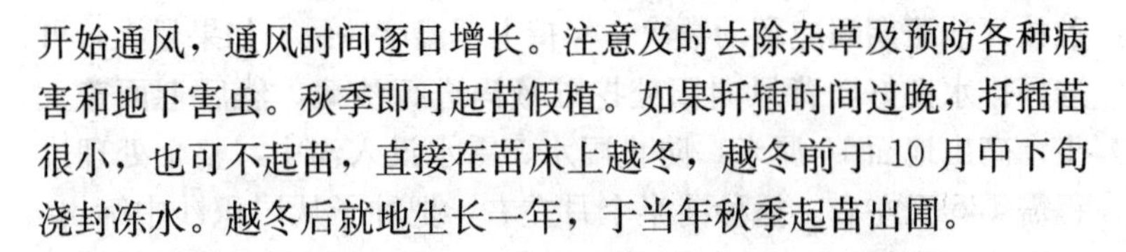

开始通风，通风时间逐日增长。注意及时去除杂草及预防各种病害和地下害虫。秋季即可起苗假植。如果扦插时间过晚，扦插苗很小，也可不起苗，直接在苗床上越冬，越冬前于10月中下旬浇封冻水。越冬后就地生长一年，于当年秋季起苗出圃。

第七节　软枣猕猴桃育苗技术

软枣猕猴桃可用扦插、嫁接和组织培养等多种方法繁殖。生产育苗应根据实际需要选择适宜的方法，在种苗十分缺乏、优良种源不足、无性繁殖技术不够完善的情况下，经过选优采种，生产上可采用实生苗建园，但未经选优采种培育的实生苗只能作砧木，当作培育嫁接苗的材料；在无性繁殖技术较为成熟、具有一定的种源条件的前提下，就要积极采用各种无性繁殖技术，培育优良品种苗木。软枣猕猴桃生产用苗，要采用品种或优良品系的扦插苗、嫁接苗或组培苗，实生苗只适于作砧木培育嫁接苗用。

一、苗木繁殖方法

（一）实生繁殖育苗

1. 种子处理　每年9月上旬采摘成熟的软枣猕猴桃果实，果实采收后自然放置，放软后立即洗种，不能堆沤。果实软熟后立即清洗种子，经沙藏层积后，其发芽率达80%以上，且发芽快而整齐。将放软的果实揉搓、水洗，搓去果皮和果肉，使种子外表洁净，同时要去除未成熟的种子，然后装入布袋内，放在通风阴凉、无鼠害的地方保存，切忌在阳光下暴晒，以免降低种子的生活力。阴干至1月初。然后用清水浸泡种子3～4天，每天换1次清水，然后按1∶3的比例将湿种子和洁净的细河沙混合在一起，沙子湿度为沙子用手握紧成团而不滴水，松手沙团散开为宜（绝对含水量为40%～50%），再装入木箱、花盆中在室内贮放。沙藏期间应翻动数次，保持上下温度一致，如果量大，可选择排水良好、背风向阳处挖贮藏沟进行沙藏，然后上面盖上土，高出地面10厘米，防止雨水、雪水没入沟中，整个处理过程需135天左右。播种前半个月左右，把种子从层积沙中筛出，用清水浸泡3～4天，每天换1次水，浸水的种子捞出后，保持一定湿度，置20～25℃条件下催芽，5～10天后大部分种子种皮裂开或露出胚根，即可播种。育苗方法：先培育砧木苗，翌年或后年进行嫁接繁殖。

2. 露地直播育苗 为了培育优良的软枣猕猴桃苗木，苗圃地最好选择在地势平坦、水源方便、排水好、疏松、肥沃的沙壤土，或含腐殖质较多的森林壤土，苗圃地应在前一年土壤结冻前进行翻耕，耙细，翻耕深度25～30厘米，结合秋施基肥，每公顷地施农家肥37 500千克。

播种时间：春播（5月上旬）、秋播（土壤结冻前）月平均气温在14～20℃间有利于种子发芽，过早或过迟播种发芽率较低，要选择排涝方便，土壤肥沃而呈微酸性或中性的沙壤土作苗圃，播种前可根据不同的土壤条件做床，低洼易涝，雨水多的地块可做成高床，床高25厘米，长10米、宽1.2米，高燥干旱、雨水较少的地块可做成低床。不论哪种方式都要有15厘米以上的疏松土壤。因软枣猕猴桃种子小，形如芝麻，所以要耙细床土，清除杂质，耧平床面即可播种。施足底肥，以有机肥为主，每公顷施入15 000千克有机肥。播种前可用多菌灵进行土壤消毒，播种方式有条播和撒播，撒播是直接将种子撒播在准备好的畦面上，播种量为3～4克/米^2，然后盖2～3厘米的营养土，轻轻压实，上面覆盖一层稻草、松针和草帘，覆盖厚度以1厘米左右为宜，既可保持土壤湿度又不影响土温升高，上覆一层稻草或草帘，结合浇水，喷施一次800～1 000倍50%代森锰锌，浇透水；条播是先开约3厘米宽的平底浅沟，沟深约1厘米，行距10～15厘米。将种子播入沟里，播种量为2克/米^2，然后将营养土覆上，厚为1.5～2.0厘米，上面覆盖一层稻草、松针和草帘，结合浇水，喷施1次800～1 000倍50%代森锰锌水剂，春播后要保持土壤湿润，当种子发芽时揭去覆盖物，幼苗长出4片真叶后进行间苗。株距保持在5～8厘米，间下的苗可以移栽。经移栽的苗根系发达生长旺盛，定植时成活率较高，间苗前2～4天需灌透水。为了提高移栽苗的成活率，移苗应在傍晚和阴天进行，边起苗边栽植边浇水。苗床要及时中耕除草和防病虫害，苗期条播床追肥2次，第一次在苗木长到5厘米左右进行，在幼苗行间开沟，每个苗床施硝酸铵200～250克，磷酸铵50克，第二次在苗高10厘米左右时进行，每个苗床施磷酸二铵300克，硫酸钾80克，撒播床在苗木长到5厘米左右，每隔10～15天喷施1次0.1%～0.2%的尿素。

软枣猕猴桃实生苗在苗圃生长1年或2年即可进行嫁接。起苗时间为秋季落叶后或翌年萌芽前。

3. 保护地育苗 为提早移栽，提早嫁接，当年育苗当年可出圃，采取保护地提前播种培育营养钵苗，可达到早移栽的目的，而且提高了幼苗的成活率。

播种及播后管理：在吉林地区4月初扣塑料大棚，采用规格为6厘米×6厘米或7厘米×7厘米的塑料营养钵。营养土的配方为，农家肥（腐熟）∶细河沙∶腐殖土＝5∶25∶75，并按0.3%的比例加入磷酸二铵（研成粉末）。播种前给营养钵内的营养土浇透水，每个营养钵内播种3～4粒，覆土1.5～2.0厘米厚。播种后结合浇水，喷施800～1 000倍50%代森铵水剂。

播种后要保持适宜的湿度，一般2～3天浇水一次，小苗出齐后当温度在28℃以上时要通风降温。6月中下旬可将幼苗带土坨移入苗圃。

（二）无性繁殖育苗

1. 硬枝扦插育苗 春季利用一年生成熟枝条进行扦插繁殖

的育苗方法。

（1）扦插时期。硬枝扦插在吉林3月中下旬，选取一年生枝条进行扦插，插后的气温不宜超过15℃。绿枝扦插在6月下旬，选取当年半木质化的新梢作插条。硬枝扦插可选用回笼火炕扦插床或电热扦插床，二者相比，电热扦插床的温度易控制。

（2）电热线插床建造。要在前一年末初冬土壤结冻前挖好床坑，并在四周建好风障。电热温床长6米、宽2米、高30厘米，以南北延长为宜。挖好床坑后，用砖砌成四框围墙，围墙高出地面30厘米。如地下水位高，不挖坑，在地面上砌成40～45厘米的围墙即可。首先在插床底层铺放一层厚度为5厘米左右的绝缘材料，一般用细炉灰作隔热绝缘层，然后将电热线平铺在隔热绝缘层上，电热线之间距离为10厘米左右。电热线要固定，防止移动。电热线铺好后，再填入22厘米厚的插壤。填插壤时注意不要串动电热线的位置，使之分布均匀，保证温度均衡。最后将电热线与导电温度表、电子继电器连接。接通电源，使插壤升温和调整所需要温度，当温度自行控制在25～28℃时即可使用。

（3）插床基质选择。扦插床的扦插基质适宜与否是直接影响插条生根和成活的重要因素。过去普遍用沙子作基质，中国农业科学院特产研究所进行的软枣猕猴桃扦插育苗不同基质试验结果表明，炉灰基质扦插生根率比河沙基质提高了13.6%，单株根系数、根系长度分别提高了18.2%、29.34%，且根系粗壮，炉灰作扦插基质保水性、透气性都好于河沙，并含有一定的营养物质。炉灰来源广泛、经济，扦插效果好，说明炉灰是软枣猕猴桃绿枝扦插的理想基质。

（4）插条选择与处理。硬枝扦插的插条是利用冬季修剪下来的一年生枝条，选择健壮、芽眼饱满的加以利用；插条长度一般为15～18厘米，插条下部切口削成45°角，上切口在芽眼上部1.5厘米处切断，切口要平滑。硬枝扦插条在扦插前用150毫克/千克的萘乙酸或吲哚丁酸浸泡24小时。插床在扦插前3～4

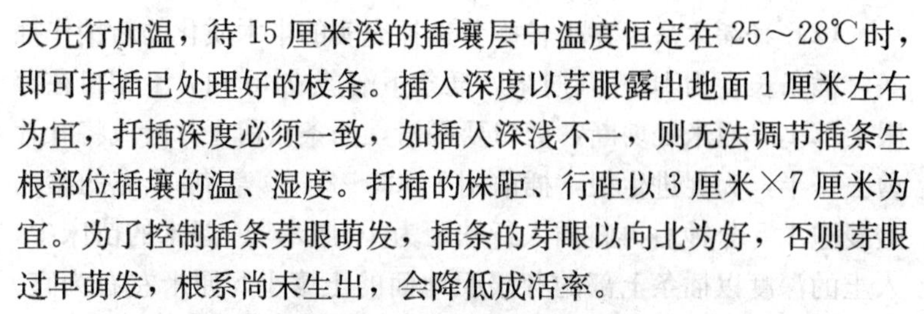

天先行加温，待 15 厘米深的插壤层中温度恒定在 25～28℃时，即可扦插已处理好的枝条。插入深度以芽眼露出地面 1 厘米左右为宜，扦插深度必须一致，如插入深浅不一，则无法调节插条生根部位插壤的温、湿度。扦插的株距、行距以 3 厘米×7 厘米为宜。为了控制插条芽眼萌发，插条的芽眼以向北为好，否则芽眼过早萌发，根系尚未生出，会降低成活率。

（5）插后管理。插后要经常保持插床湿润，绝对含水量应控制在 8%～11%，最高不超过 13%，最低不能低于 7%。催根期间的前期插床要覆盖塑料薄膜，中、后期有雨雪天也需加以覆盖，防止雨水、雪水进入床内，造成扦插基质温度降低或含水量过高，及时进行抹芽、锄草。

2. 绿枝扦插育苗　绿枝扦插繁育的常规方法，是在露天作床进行扦插，插条生根后移入苗圃生长发育，此种繁育方法的缺点是当年苗木新梢基本不成熟，可供第二年建园的合格苗木极少，而且栽植成活率较低。

中国农业科学院特产研究所通过多年的试验，采用增加加温设施、扦插苗就地生长的综合改良技术解决了这一难题。试验结果表明，绿枝扦插就地生长的扦插苗生根后，根系很快就扎入土中生长，由于根系很快吸收到了养分，而且没有缓苗过程，所以扦插苗的新梢生长量、侧根数量和侧根长度都明显高于移栽苗，分别为移栽苗的 187.5%、110.6%、129.8%。更主要的是新梢成熟节数提高了 5.25 倍，大部分苗木当年即可成苗。移栽苗新梢当年基本不成熟，由于芽眼不充实，第二年易“瞎眼”，所以第二年的归圃成活率很低，只有 40%，而就地生长苗第二年的栽植成活率则可达到 90%，解决了寒冷地区绿枝扦插生育期短，新梢不易成熟，两年才能成苗的关键难题，同时，由于苗木不用移栽，省去了大量用工，是一种简便、快速、经济有效的繁殖方法。其方法介绍如下：

（1）扦插时间。6 月上旬，新梢达到半木质化时进行。

(2) 扦插方法。在生长季节选择充实的半木质化的新梢作插条，插条长度为15～18厘米，插条下端剪成45°角，上切口在芽眼上部1.5厘米处剪断，剪口要平滑，插条只留1片叶或将叶片剪去一半，为促进生根，插前用1 000～2 000毫克/千克的萘乙酸浸泡1.5分钟后再斜插入行株距为10厘米×4厘米的苗床中，入土的深度以插条上部的芽眼距地面的土壤1.5厘米左右为宜。生根基质为河沙或细炉灰，厚度为20厘米左右，在生根基质下面铺20厘米厚的壤土或腐殖土作为扦插苗生长的土壤。在温室或塑料大棚中扦插，白天最高温度不超过28℃，夜间最低温度不低于17℃，温室或塑料大棚棚顶铺设50%透光率的遮阳网。

(3) 扦插后的管理。插床首先搭设遮阳棚，透光率在60%左右，扦插后25天内，每天用半雾状的细喷壶喷水，叶片要经常保持湿润状态；当根系生根后逐渐减少水量，基质保持湿润即可，同时去除遮阳物。温度降至10℃左右在露天作床进行扦插时，需将苗床扣上塑料棚，提高扦插棚内的温度和延长扦插苗的生育期，加速苗木的生长和发育，生长期内结合浇水喷施2～3次0.5%的尿素。

起苗在11月上旬进行。将扦插苗分等后沙藏。

3. 嫁接育苗 嫁接方法主要是在1～2年生砧木苗上春季劈接和夏季带木质部芽接（或不经起苗就地嫁接）。软枣猕猴桃髓部较大且有空心，嫁接成活较困难，所以春季劈接较好，易于成活，且生长期长，可以当年出圃。

采用春季劈接，要选用优良品种的一年生枝条做接穗。首先在接穗芽的下方1～2厘米处两侧对称各斜削一刀，使接穗成楔形，随后在芽的上方0.3厘米处横切一刀，切断接穗。砧木可采用一般软枣猕猴桃繁育的实生苗，在根部上方10厘米左右处，选择圆直光滑的部位切断，用嫁接刀将断面削平；然后在断面髓心中间纵劈一刀将接穗插入，使接穗与砧木的形成层互相对准，并要注意接穗削面稍高出砧木断面0.1厘米左右，然后用塑料薄

膜扎紧。

4. 组培育苗　利用取自软枣猕猴桃园内母株上的新梢和叶片作为外植体，在超静工作台上切取茎尖、叶片和无芽茎段接种在培养基上。外植体先用70%酒精浸泡20秒，后用无菌水漂洗3次；在超静工作台上应用0.1%升汞消毒外植体5分钟，再以无菌水漂洗4次；将外植体轻按在无菌滤纸上吸干水分后，接种在已经灭菌的培养基上。

上述几种育苗方法试验表明：软枣猕猴桃硬枝扦插生根率低，繁苗速度慢；嫁接育苗，嫁接成活率较高，但砧木苗繁苗时间较长；而露地的绿枝扦插生根率虽高，但当年不易成熟；组培快繁育苗要求技术较高，不易推广。如果采取利用保护地提早进行绿枝扦插，就地生长，延长生长期育苗的方法，可达到当年育苗当年出圃的目的，既提高了成活率，又缩短了繁苗时间。

二、苗木分级与贮藏

（一）苗木分级

扦插苗和嫁接苗分两个等级。向需求者提供1～2级苗，等外苗回圃扶壮，暂时不能运出的要进行假植（表4-1、表4-2）。

表4-1　软枣猕猴桃嫁接苗标准

项　目	一　级	二　级
根	根系发达，有6条以上15厘米以上侧根，并有较多的须根，砧木当年枝条长20厘米以上	根系发达，有4条以上15厘米侧根，并有较多的须根
蔓	枝蔓细的品种粗度不少于0.3厘米，枝蔓粗的品种不少于0.5厘米，成熟节数不少于6节以上	枝蔓粗度为0.3厘米以上，成熟节数5节以上
芽	芽眼充实饱满	芽眼充实饱满
接合部	接口愈合良好	接口愈合良好

表 4-2　软枣猕猴桃扦插苗标准

项　目	一　级	二　级
根	根直径在 0.15 厘米以上，根系长度平均 6 厘米以上，20 根以上	根直径在 0.10～0.15 厘米，17 根以上
蔓	蔓长 15 厘米以上，芽眼饱满，无病虫害、机械损伤	蔓长 10～15 厘米。芽眼饱满，无病虫害、机械损伤

（二）苗木贮藏

1. 起苗的时期和方法　苗木出圃是育苗的最后一个环节，为保证苗木定植后生长良好，早期结果、丰产，必须做好出圃前的准备工作。首先制定挖苗技术要求、分级标准，并准备好临时假植和越冬贮藏的场所。11 月中旬，当保护地中的苗木停止生长、充分落叶后即可起苗，在土壤结冻前完成起苗出圃工作。起苗时要尽量减少对植株特别是根系的损伤，为保证苗木根系完好，起苗前可用趟犁把垄沟趟一次。如果土壤干旱可灌一次透水，然后再起苗。苗木起出后将枝条不成熟的部分和根系受伤部分剪除。每 20 株捆成一捆，拴上标签，注明品种和类型。不能在露天放置时间过长以防苗木风干，应尽快放在阴凉处临时假植，当土壤要结冻时进行长期假植和贮藏。

2. 苗木的假植

（1）临时假植。凡起苗后或栽植前较短时间进行的假植，称为临时假植。临时假植要选背风庇荫处挖假植沟，一般为 25 厘米左右深，将苗木放入沟中，把挖出的土埋在苗木根部与苗干，适当抖动苗干，使湿土填充苗根部空隙，踏实即可，达到苗木根、干与土密接不透风的目的。

（2）长期假植。秋季起苗后当年不进行定植，需等到来年栽植，可采用长期假植越冬的方法。长期假植因为假植时间长，还要度过漫长的冬季，所以要求比临时假植要严格得多。其方法是

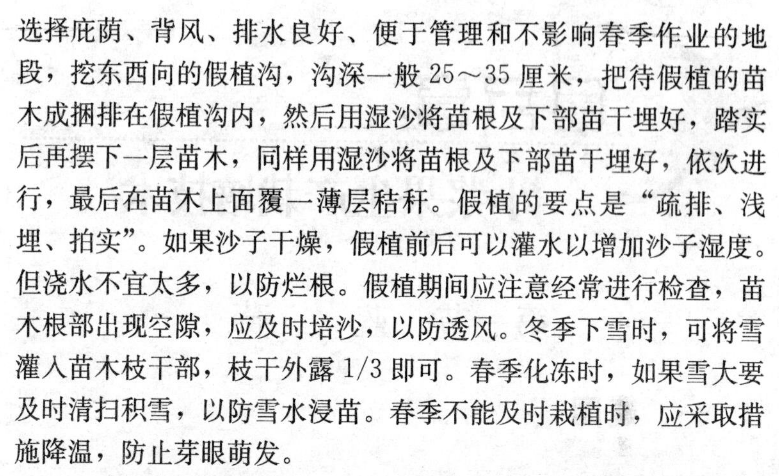

选择庇荫、背风、排水良好、便于管理和不影响春季作业的地段，挖东西向的假植沟，沟深一般25～35厘米，把待假植的苗木成捆排在假植沟内，然后用湿沙将苗根及下部苗干埋好，踏实后再摆下一层苗木，同样用湿沙将苗根及下部苗干埋好，依次进行，最后在苗木上面覆一薄层秸秆。假植的要点是“疏排、浅埋、拍实”。如果沙子干燥，假植前后可以灌水以增加沙子湿度。但浇水不宜太多，以防烂根。假植期间应注意经常进行检查，苗木根部出现空隙，应及时培沙，以防透风。冬季下雪时，可将雪灌入苗木枝干部，枝干外露1/3即可。春季化冻时，如果雪大要及时清扫积雪，以防雪水浸苗。春季不能及时栽植时，应采取措施降温，防止芽眼萌发。

3. 苗木的沟藏及窖藏　为了更好地保证苗木安全越冬，延迟苗木来年春天发芽的时间和延长栽植季节，可采用沟藏或窖藏的方法进行贮藏。贮藏沟、窖的地点应选择地势高燥、背风向阳的地方。

（1）沟藏。土壤结冻前，在选好的地点挖沟，沟宽1.2米、深0.6～0.7米，沟长随苗木数量而定。贮藏苗木必须在沟内土温降至2℃左右时进行，时间一般为11月中下旬至12月上旬。贮藏苗木时先在沟底铺一层10厘米厚的清洁湿河沙，把捆好的苗木在沟内横向摆放，摆放一行后用湿河沙将苗木根系培好，再摆下一行，依次类推。苗木摆放完后，用湿沙将苗木枝蔓培严，与地面持平，最后回土成拱形，以防雨水、雪水灌入贮藏沟内。

（2）窖藏。当土壤要结冻时，进行贮藏。贮藏时先在窖内铺一层10厘米厚的洁净湿河沙，将捆好的苗木成行摆放，摆完一行后用湿河沙把根系及下部苗干培好，再摆下一行，依次类推。在贮藏期间，要经常检查窖内温湿度，窖内温度一般应保持在0～2℃，湿度以85%～90%为宜。温度过高、湿度过大会使贮藏苗木发霉，湿度过小会因失水使苗木干枯。此外，还要注意防止窖内鼠害。

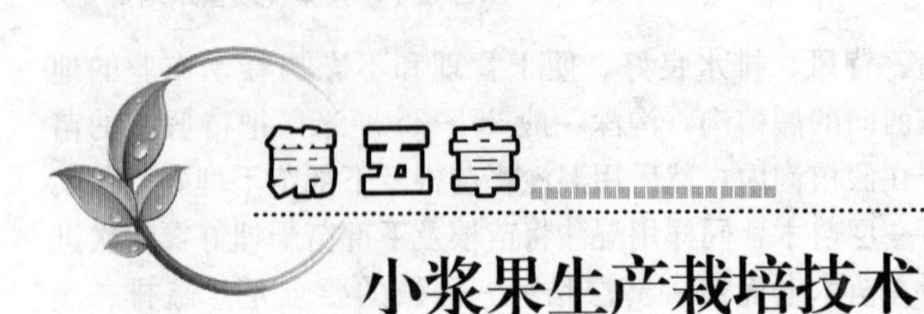

第五章 小浆果生产栽培技术

第一节 蓝　莓

一、建园

1. 园址选择 蓝莓栽培园选择土壤类型的标准是：坡度不超过10%，土壤pH4.0～5.5，土壤有机质含量8%～12%，土壤疏松，排水性能好，土壤湿润但不积水，若当地年降水量不足时，需要有充足的水源。

在自然条件下，土壤状况可从植物分布群落进行判断，具有野生蓝莓分布或杜鹃花科植物分布的土壤是典型的蓝莓栽培土壤类型。如果没有指示植物判断则需进行土壤测试。园地选择新开荒地优于其他耕地。

2. 园地准备 在定植前一年深翻20～25厘米并结合压绿肥，进行杂草控制管理，平整土地，清除杂物。在水湿地潜育土壤上，应首先清林，包括乔木及小灌木等，然后深翻。在草甸沼泽地和水湿地潜育土壤上，应设置排水沟，整好地后修台田，台面高25～30厘米、宽1米，在台面中间定植蓝莓。土壤pH偏高的地块需在定植前一年结合深翻和整地施硫黄粉调节。蓝莓定植后生长寿命可达100年，所以定植前一定要做好前期工作。

3. 定植 春、秋季定植均可。定植前依植株大小种类挖好适宜定植穴。兔眼蓝莓定植穴为1.3米×1.3米×0.5米；半高丛蓝莓和矮丛蓝莓可适当缩小。定植前进行土壤测试，如缺少某些元素如磷、钾，则与肥料、有机物等混匀一同施入。兔眼蓝莓株行距为2米×4米，高丛蓝莓株行距为1.0米×3米，半高丛蓝莓1.2米×2米，矮丛蓝莓0.8米×1米。

高丛蓝莓、兔眼蓝莓需要配置授粉树，即使是自花结实的品种，配置授粉树后可以提高坐果率，增加单果重，提高产量和品质。矮丛蓝莓品种一般可以单品种建园。授粉树配置方式可采用1∶1式或2∶1式，品种和授粉树采取按比例行间交替栽植。

定植苗为培育2～3年的大苗为好。一年生苗定植成活率低，管理复杂。定植时将苗木从营养钵中取出，在定植穴上挖20厘米×20厘米小坑，填入一些酸性草炭，将苗栽入，栽植深度以覆盖原来苗木土坨3厘米为宜。埋土后轻轻踏实，浇透水。

二、土壤管理

蓝莓根系分布较浅，纤细，没有根毛，因此种植蓝莓的土壤要求是疏松、多孔、通气好。土壤管理的主要目标是创造并保持适宜蓝莓根系发育的良好土壤条件。

（一）果园管理制度

1. 清耕　在沙土上栽培高丛蓝莓采用清耕法进行土壤管理。清耕可有效控制杂草与树体之间的养分竞争，促进树体发育，尤其是在幼树期，清耕尤为必要。清耕的深度以5～10厘米为宜。蓝莓根系分布较浅，过分深耕不仅没有必要，而且还易造成根系伤害。清耕的时间从早春到8月份都可进行，入秋后不宜清耕，对蓝莓越冬不利。

2. 台田　地势低洼、积水、排水不良的土壤（如草甸、沼泽地、水湿地）栽培蓝莓时需要修台田。台面通气状况得到改善，而台沟则用于积水，这样既可以保证土壤水分供应又可避免积水造成根系发育不良。但是，台面耕作、除草无法机械操作，需人工完成。

3. 生草法 主要是行间生草，行内用除草剂控制杂草。生草法可获得与清耕法一样的产量。与清耕法相比，生草法具有明显保持土壤湿度的功能，适用于干旱土壤和黏重土壤。采用生草法，每年杂草腐烂积累于地表，形成一层覆盖物。生草法还利于果园工作和机械行走，但不利于控制蓝莓僵果病。

4. 土壤覆盖 土壤覆盖的主要功能是增加土壤有机质含量、改善土壤结构、调节土壤温度、保持土壤湿度、降低土壤 pH、控制杂草等。矮丛蓝莓土壤覆盖 5～10 厘米厚的锯末，在 3 年内产量可提高 30%、单果重增加 50%。土壤覆盖可以明显提高蓝莓树体的抗寒能力，这在东北地区蓝莓栽培中具有重要意义。

土壤覆盖物应用最多的是锯末，尤以容易腐解的软木锯末为佳。用腐解好的锯末比新锯末效果好，腐解的锯末可以很快降低土壤 pH。锯末覆盖在苗木定植后即可进行，将锯末均匀覆盖在床面，宽度 1 米、厚度 10～15 厘米，以后每年再覆盖 2.5 厘米厚以保持原有厚度。用未腐解的新锯末，应根据需要增施氮肥。

树皮或烂树皮作土壤覆盖物可获得与锯末同样的效果。其他有机物如稻草、树叶也可作土壤覆盖物，但效果不如锯末好。

5. 覆地膜 地面覆盖黑塑料膜可以防止土壤水分蒸发、控制杂草、提高地温。同时覆盖锯末与黑地膜效果会更好。应用黑塑料膜覆盖的缺点是施肥浇水不方便，且每隔 2～3 年需重新覆盖新膜并清除田间碎片。黑塑料膜覆盖需结合滴灌设施应用。

（二）土壤改良技术

如果选择栽植蓝莓的土壤 pH 过高或过低、偏黏、有机质含量过低，在定植以前应对土壤结构、理化性状等做出综合评价，有针对性地进行改良，以利于蓝莓生长。

1. 高 pH 的土壤调节 土壤 pH 是限制蓝莓栽培推广的主要

因素。土壤 pH 过高常造成蓝莓缺铁失绿，生长不良，产量降低，甚至植株死亡，这类土壤必须进行改良。当土壤 pH＞5.5 时，就需要采取措施降低土壤 pH。最常用的方法是土壤施硫黄粉或 $Al_2(SO_4)_3$。施硫黄粉后 1 个月土壤 pH 迅速降低，第二年仍可保持较低的水平。在定植前一年结合整地将硫黄粉均匀撒入地中，深翻混匀。硫黄粉要全园施用，不要只施在定植带上。表 5－1 是每 100 米^2 沙土或壤土使用硫黄粉降低土壤 pH 时的用量，100 米^{2}pH 4.5 以上的沙土 pH 每降低 0.1 需施硫黄粉 0.367 千克，壤土则需 1.222 千克。$Al_2(SO_4)_3$ 的使用量是硫黄粉的 6 倍。此外，土壤覆盖锯末、松树皮，施用酸性肥料以及施用粗糅酸等均有降低土壤 pH 的作用。

表 5－1 调节土壤 pH 每 100 米^2 的硫黄粉用量

（单位：千克）

土壤 pH	调节后 pH															
	4.0		4.5		5.0		5.5		6.0		6.5		7.0		7.5	
	沙土	壤土	沙土	壤土	沙土	壤土	沙土	壤土	沙土	壤土	沙土	壤土	沙土	壤土	沙土	壤土
4.0	0.00	0.00														
4.5	1.95	5.86	0.00	0.00												
5.0	3.91	11.73	1.95	5.86	0.00	0.00										
5.5	5.86	17.10	3.91	11.73	1.95	5.86	0.00	0.00								
6.0	7.33	22.48	5.86	17.10	3.91	11.73	1.95	5.86	0.00	0.00						
6.5	9.29	28.34	7.33	22.48	5.86	17.10	3.91	11.73	1.95	5.86	0.00	0.00				
7.0	11.24	33.71	9.29	28.34	7.33	22.48	5.86	17.10	3.91	11.73	1.95	5.86	0.00	0.00		
7.5	13.19	39.09	11.24	33.71	9.29	28.34	7.33	22.48	5.86	17.10	3.91	11.73	1.95	5.86	0.00	0.00

注：引自 Paul Eck，Blueberry culture。

2. 低 pH 土壤的调节 当土壤 pH 低于 4.0 时，由于重金属元素供应过量，会造成重金属中毒，使蓝莓生长不良，甚至死亡。此时需要采取措施增加土壤 pH，最常用且有效的方法是在定植前施用石灰。施用量根据土壤类型及 pH 而定。

3. 改善土壤结构及增加有机质 当土壤有机质含量<5%时及土壤黏重板结时，需要掺入有机物料或河沙等。掺入河沙能改善土壤结构，疏松土壤，但不能降低土壤 pH，而且会导致土壤肥力下降，因此最好是掺入有机物料。最理想的有机物料是腐苔藓和草炭，掺入后不仅增加土壤有机质，而且还具有降低 pH 的作用。此外烂树皮、锯末及有机肥也可作为改善土壤结构掺入物。应用烂树皮和锯末时以松科材料为佳，并且配以硫黄粉混合施用。土壤中掺有机物可在定植时结合挖定植穴进行，按园土与有机物 1∶1（体积比）混匀填入定植穴。

三、施肥

蓝莓属典型的嫌钙植物，它对钙有迅速吸收与积累的能力，在钙质土壤栽培时，由于钙吸收多，往往导致缺铁失绿。从树体营养水平分析，蓝莓为寡营养植物，与其他果树相比，树体内氮、磷、钾、钙、镁含量均很低。过多施肥往往导致肥料过量而引起树体伤害。

（一）土壤施肥反应

1. 氮肥 蓝莓对施氮肥的反应与土壤类型及土壤肥力有关。土壤肥力高时，施氮对蓝莓增产无效，且有害，施氮量过多时甚至造成植株死亡。在以下几种情况下蓝莓需要增施氮肥：①土壤肥力差、有机质含量较低时；②利用矿质土壤栽培时；③栽培蓝莓多年，土壤肥力下降时；④土壤 pH 较高（>5.5）时。

2. 磷肥 水湿地潜育土类型的土壤往往缺磷，增施磷肥效果显著。但当土壤中磷含量较高时，增施磷肥不仅不能提高产量反而延迟果实成熟。一般当土壤中含速效磷低于 6 毫克/千克时，就需增施磷肥（P_2O_5）15～45 千克/公顷。

3. 钾肥 钾肥对蓝莓增产效果显著，增施钾肥不仅可以提

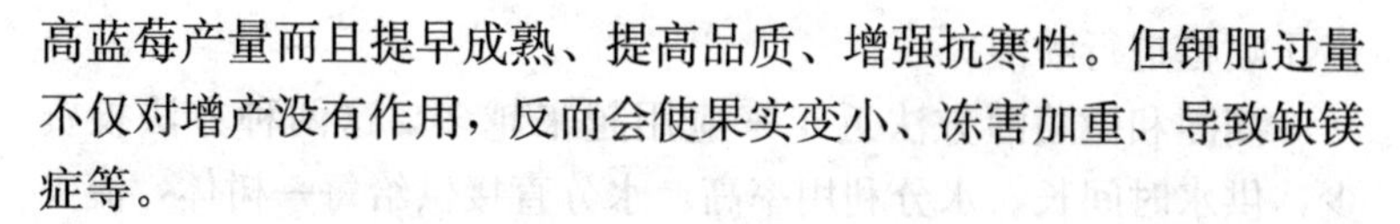
高蓝莓产量而且提早成熟、提高品质、增强抗寒性。但钾肥过量不仅对增产没有作用，反而会使果实变小、冻害加重、导致缺镁症等。

（二）施肥方法

蓝莓施用完全肥料比单纯肥料效果好。土壤施入$(NH_4)_2SO_4$不仅供应蓝莓铵态氮，而且具有降低土壤pH的作用，在pH较高的矿质土壤和钙质土壤上尤其适用。蓝莓施肥以撒施为主，高丛蓝莓和兔眼蓝莓可采用沟施，深度10～15厘米。土壤施肥的时期一般是早春萌芽前。

蓝莓每年施肥2次，萌芽前施入总量的1/2，萌芽后再施入1/2，2次间隔4～6周。蓝莓施肥的氮、磷、钾比例大多数趋向于1∶1∶1。有机质含量较高的土壤氮肥用量应减少，可采用1∶2∶3或1∶3∶4的比例。而矿质土壤中磷、钾含量高，氮(N)、磷（P_2O_5）、钾（K_2O）比例以1∶1∶1为宜，或者采用2∶1∶1。

四、水分管理

必须在植株出现萎蔫以前进行灌水。不同的土壤类型对水分要求不同，沙土持水力差，易干旱，需经常检查并灌水；有机质含量高的土壤持水力强，灌水可适当减少，但黑色的腐殖土有时看起来似乎是湿润的，实际上已经干旱，易引起判断失误，需要特别注意。

比较理想的水源是地表池塘水或水库水。深井水往往pH过高，而且Na^+和Ca^{2+}含量高，长期使用会影响蓝莓生长和产量。

固定或移动的喷灌系统是蓝莓园常用灌溉设备。喷灌的特点是可以预防或减轻霜害。在新建果园中，新植苗木尚未发育，吸收能力差，最适采用喷灌方法。在美国蓝莓大面积产区，常采用高压喷枪进行喷灌。

滴灌和微喷灌方法近年来应用越来越多。这两种方法投资少，供水时间长、水分利用率高。水分直接供给每一树体，流失及蒸发量少，供水均匀一致。滴灌和微喷灌所需的机械动力小，很适应于小面积栽培或庭院栽培使用。而且更好地保持土壤湿度，不致出现干旱或水分供应过量情况，产量及单果重也明显增加。

五、修剪

修剪的目的是调节生殖生长与营养生长的矛盾，解决树体通风透光问题。修剪的原则是达到最好而不是最高的产量，防止过量结果。蓝莓修剪后往往造成产量降低，但单果重增大、果实品质提高、成熟期提早、商品价值增加。修剪时应防止过重，以保证一定的产量。蓝莓修剪的主要方法有平茬、疏剪、剪花芽、疏花、疏果等，不同的修剪方法其效果不同。究竟采用哪一种方法应视树龄、枝条多少、花芽量等而定。在修剪过程中各种方法应配合使用，以便达到最佳的修剪效果。

（一）高丛蓝莓修剪

1. 幼树修剪 幼树定植后1～2年就有花芽，开花结果会抑制营养生长。幼树期是构建树体营养面积时期，栽培管理的重点是促进根系发育、扩大树冠、增加枝量，因此幼树修剪以去花芽为主。定植后第二年、第三年春，疏除弱小枝条，第三年、第四年应以扩大树冠为主，但可适量结果，一般第三年株产应控制在1千克以下。

2. 成年树修剪 进入成年以后，植株树冠比较高大，内膛易郁蔽。修剪主要是控制树高，改善光照条件。修剪以疏枝为主，疏除过密枝、细弱枝、病虫枝以及根系产生的分蘖。生长势较开张树疏枝时去弱枝留强枝，直立品种去中心干、开天窗，并

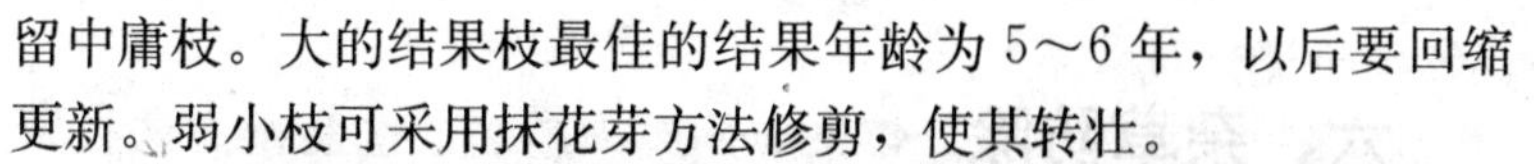

留中庸枝。大的结果枝最佳的结果年龄为5～6年，以后要回缩更新。弱小枝可采用抹花芽方法修剪，使其转壮。

3. 老树更新 植株定植25年后，地上部开始衰老。可采取全树更新，紧贴地面用圆盘锯将其全部锯掉，不留桩。更新后的植株从基部萌芽新枝。更新当年不结果，第三年产量可比未更新树提高5倍。

兔眼蓝莓的修剪与高丛蓝莓基本相同，但要注意控制树高，树体过高不利于管理及果实采收。

（二）矮丛蓝莓修剪

矮丛蓝莓的修剪目的是形成健壮的树体，从而有利于结果。修剪方式主要有平茬和烧剪2种。

1. 平茬修剪 平茬修剪时间为早春萌芽前进行。修剪是从基部将地上部全部锯掉。平茬时应紧贴地面进行，留桩高对生长结果不利。平茬修剪后地上部可留在果园内，可起到土壤覆盖作用，而且腐烂分解后可提高土壤有机质含量，改善土壤结构，有利于根系和根状茎生长。平茬修剪的关键是要有合适的工具。我国生产的背负式割灌机具有体积小、重量轻、操作简便、效率高等特点，很适合用于矮丛蓝莓的平茬修剪。

2. 烧剪 即在休眠期将植株地上部全部烧掉，使地下茎萌发新枝，当年形成花芽，第二年结果，以后每两年烧剪1次。烧剪后当年没有产量，但第二年产量比未烧剪的产量可提高1倍，而且果个大、品质好。另外烧剪之后新梢分枝少，适宜于采收器采收和机械采收，提高采收效率，还可消灭杂草、病虫害等。烧剪宜在早春萌芽前进行。烧剪时田间可撒秸秆、树叶、稻草等助燃，国外常用油或气烧剪。

烧剪时需注意两个问题：一是要防止火灾，在林区栽培蓝莓时不宜采用此法；二是将一个果园划分为2片，每年烧1片，保证每年都有产量。

六、杂草防除

蓝莓园除草是果园管理中的重要环节，除草果园比不除草果园产量可提高 1 倍以上。人工除草费用高，土壤耕作又容易伤害根系和树体，因此，化学除草在蓝莓栽培中广泛应用。尤其是矮丛蓝莓，果园形成后由于根状茎窜生行走，整个果园连成一片，无法进行人工除草，必须使用除草剂。

但蓝莓园中应用化学除草剂有许多问题，一是土壤中含量过高的有机质可以钝化除草剂；二是过分湿润的土壤除草剂使用的时间不能确定；三是台田栽培时，台田沟及台面应用除草剂很难控制均匀。尽管如此，在蓝莓园应用除草剂已较成功。

除草剂的使用应尽可能均匀一致，可以采用人工喷施和机械喷施。喷施时压低喷头喷于地面，尽量避免喷到树体上。迄今为止，尚无一种对蓝莓无害的有效除草剂。因此，除草剂的使用要规范，新型除草剂要经过试验后方能大面积应用。

第二节　树　　莓

一、建园

1. 园地选择　阳光充足、地势平缓、土层深厚、土质疏松、自然肥力高、水源充足、交通便利的地块作为树莓园基地。依据地形地势进行果园区划，设计道路、作业小区和灌排系统。树莓园不宜选择 3～4 年前一直种植蔬菜或草莓的地块，因易残留大量病原菌，滋生病虫害。使用过除草剂的地块也要过了有害残留期方能选用。需选择离销售市场较近或有加工设备的地方，规模化生产的园地附近要有冷冻设备。在建园规划上，最好是集中连片平地，利于管理。可根据企业加工能力和市场需求确定规模。

2. 整地施肥 树莓园地选择好后，要在栽植的前一年整地，全面深耕改土，将地全面深耕一遍，深度25～30厘米，之后平整土地，彻底清除树根、杂草根和裸露的石头等物。播种绿肥以提高土壤有机质水平和改善土壤物理性状。利用暴晒、冻垡或药剂对土壤进行消毒。高标准整地是树莓高产、稳产、优质的保证。在种植前施好底肥，通常每公顷使用腐熟的有机肥20～30吨。

3. 挖栽植沟 定植行为南北走向，挖沟或穴栽植。定植穴大小根据苗木的根系大小而定，一般30厘米×30厘米。定植沟宽、深各50厘米，长度根据地块而定，一般不超过100米。挖沟时把表土与底土分开堆放。回填时先把一部分表土回填到沟底10厘米厚，再把剩余表土与厩肥混匀填入沟底，一般每100米定植行施入腐熟厩肥1 500千克以上，最后回填底土。在定植沟两侧用底土做埂，浇水将土沉实，以备栽植。两土埂间距为60～70厘米。

4. 栽植密度 树莓栽植主要采取带状扇形栽培法，此法适用于大面积栽植，其好处是株行间管理方便，通风、透光，株有间隙、行有空当，便于采收，果丰株壮。平地栽植南北为行，株行距1.0米×2.5米；坡地栽植横山为行，株行距1米×3米。

采用沟栽法，用大犁开深沟即可，定植沟深、宽均为0.5米以上，株行距0.5米×3米。也可挖穴栽植，行距为2.5米，株距为0.3米，每公顷定植穴4 950个。穴的直径与深度均为50厘米。以每穴栽2～3株为宜。

树莓每年发出很多根蘖苗和基生枝，形成枝条密集的带。锄掉行间的根蘖，如果留下的带宽为60厘米，称为宽带；如果留下的带宽为30厘米，则称为窄带。宽带的枝条多，产量高，但光照条件较差，田间管理和采收都不便。窄带的枝条少，通风透光好，便于田间管理和浆果采收，但产量稍低。

5. 栽植 栽植时坑底下垫一层暄土，将根系向四周舒展，覆土5厘米，踩实覆土，使根系与土壤密接。栽后浇水，水渗后再薄薄埋一层土。树莓要深栽浅埋，苗木的根系要距地面10～15厘米，苗木周围30厘米以内覆土时不要超过枝条上原有的土印。深栽的目的是因为每年新生的根状茎随着树龄逐年上移，而下边的根系会逐年老化，为保证树体的正常生长，所以要深栽。浅埋的目的主要为了缩短缓苗期，有利于根状茎芽萌发出土，提高成活率。如果埋土过深，芽萌发后根系中蓄积的营养不足，造成闷芽不成活。

春栽最好是在阴雨天移栽，否则成活率不高。树莓春季栽植后，由于植株的营养中心在地下根部，而不是地上，一般需要1～2个月的时间才能抽生出基本枝，这是树莓与其他果树不同的特殊性，所以，调查树莓的成活率宜在栽后2个月进行。

6. 栽后管理 为缩短栽后缓苗期，提高成活率。栽后第一年要加强田间管理：①保持土壤湿润。栽后要经常检查土壤水分，水分不足时应及时灌水，但不宜过多，润透根系分布层即可。在旱季，沙壤土果园每隔3～5天灌1次水。雨季要防止栽植沟内积水，避免发生烂根，夏季高温下积水可使树莓死亡。另外要防止土壤板结、杂草丛生，及时中耕除草，宜浅不宜深以免伤害根系和不定芽，保持土壤疏松通气可预防根腐和根癌病。②绑缚和追肥。初生茎长到60厘米左右后易弯曲伏地，要立架绑缚。土壤肥力低时初生茎生长缓慢，不能形成强壮植株，影响来年结果，要在5月和6月各施1次肥，每株尿素20～30克，距树干20厘米以外开环形沟施入根系分布区，施肥后及时浇水，松土保墒。③越冬防寒。入冬前，北京地区在11月中旬前后对夏果型红树莓和黑树莓的当年生茎埋土防寒。埋土前灌1次透水。将整个植株向地面平放在浅沟内，弯倒植株时小心不要折断或劈裂植株，堆土埋严，避免透风。翌年春季撤土不宜过早也不宜太迟，待晚霜过后即可撤土上架。其他地区根据当地气候条件采取相应越冬防寒措施。

二、土壤管理

树莓根系需氧量大，最忌土壤板结不透气。若忽视土壤管理，树莓会不能正常生长发育。行间播种绿肥或永久性种草覆盖、行内松土除草保墒等措施，对增加土壤有机质、改善土壤结构、提高肥力十分有效。主要需进行以下管理工作。

1. 中耕松土　灌水后应浅松土，这能使土壤表层疏松，改善土壤通气，促进土壤微生物活动和有机物分解，利于幼树生长，也利于减少蒸发，使土壤在幼树生长时期内保持一定湿润状态。

树莓植株有随着年龄增长根系上移的特性。建园初期根系上移不明显，此期对树莓的沟畦在春秋进行中耕（刨地），以疏松土壤、蓄水保墒，中耕深度以8～12厘米为宜，在不伤根前提下可适当深耕。在树莓生长5～6年后，须根会露出地面而逐年上移，这时应逐年培土覆盖裸露根系。在冬季埋土防寒地区，可结合春季撤防寒土时中耕松土。

2. 除草　杂草与树莓争夺水分和养分，使土壤干燥，消耗养分，同时繁茂的杂草特别是禾本科植物，由于根系交错使土壤变得板结十分严重，极大地影响树莓的生长发育。因此，除草是树莓园的一项经常性工作，是保证树莓生长的重要手段。坚持“除早、除小、除了”的原则。

除草可以结合中耕松土一起进行。采用人工锄草要早锄、勤锄，忌草荒。苗与苗间，以人工锄草为主。行与行之间，为提高效率，可采用小型机械，深度掌握在10厘米左右，既松土又锄草。杂草萌发和旺长期、开花结籽期，是一年中除草的关键时期。

除草也可用草胺、草甘膦、西马津等化学除草剂。应用化学药剂除草，可以省工和迅速消灭杂草。化学除草剂的使用效果和对树莓有无药害，均受使用时期、方法、种类、用量、气候及土壤等因素的影响，所以要严格掌握使用条件，要经过试验后再在生产上施用，避免造成环境污染和农药残留。幼苗期要慎用除草剂，它有可能使成活的苗木死亡。

三、施肥

树莓喜肥，需肥量较大，肥力不足将影响树莓的产量、果实的品质、果实成熟期和初生茎的生长发育。为了提高果品产量和质量，应适时施肥。树莓施肥以有机肥为主，化肥为辅，同时注意氮、磷、钾配合，增施磷、钾肥。有机肥、磷钾肥早施，氮肥分期施。有机肥要用充分腐熟的农家肥，或工厂化生产的绿色有机肥；化肥可以施氮、磷、钾比例高的长效复合肥，也可以施尿素、磷酸二铵、硫酸钾。

1. 基肥 以腐熟的农家肥为主，也可加入适量的化学肥料，如尿素、磷酸铵等与土拌匀施用。可分春秋两次进行：①春季施肥。4 月中旬至 5 月上中旬树莓上架后萌芽前进行，每公顷施农家肥 15 000 千克，结合松土将肥料翻入土内。可起到株丛内根系营养不足的补充作用。②秋季施肥。在树莓结果母枝疏除后，落叶上冻前进行，以促进冬前根系生长，为第二年高产打下基础。施肥时在距植株 40～60 厘米的一侧施肥，挖坑或开沟施肥，每株丛施肥约 0.7 千克。第二年施肥时换到植株另一侧。

2. 追肥 在施基肥的基础上，根据树莓各物候期需肥特点补给速效性肥料，补充基肥的不足，满足树莓各生育期中对养分的需要，促进果实膨大和花芽分化，提高果实的品质和产量并为来年丰产奠定基础。

追肥以化肥为主，如尿素、硝酸铵、复合肥、硫酸钾等。追肥一般分两个时期进行：第一次追肥在开花至幼果形成期，以氮

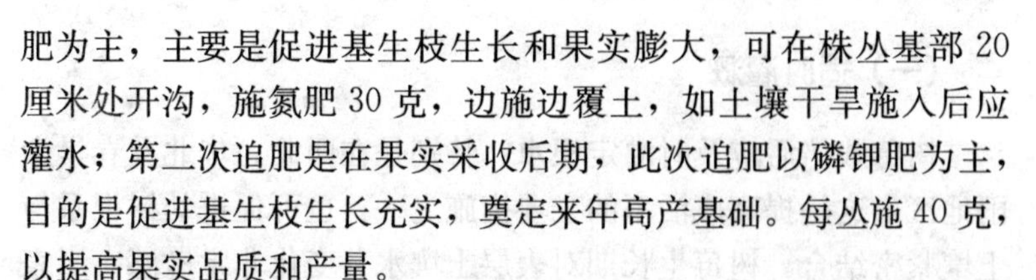

肥为主，主要是促进基生枝生长和果实膨大，可在株丛基部 20 厘米处开沟，施氮肥 30 克，边施边覆土，如土壤干旱施入后应灌水；第二次追肥是在果实采收后期，此次追肥以磷钾肥为主，目的是促进基生枝生长充实，奠定来年高产基础。每丛施 40 克，以提高果实品质和产量。

3. 根外追肥　追肥除土壤追肥外还可进行根外追肥，方法是将肥料直接喷到枝叶上。根外追肥可以补充土壤追肥的不足，平衡生长发育对营养的需要。肥料用量小，见效快，喷施 2 个小时后即可被吸收利用，及时满足树体各部位的需要。一些易被土壤固定的元素，如磷、钾、铁、锌、硼等尤其适合叶面喷施的方法。

全年可进行 4～5 次根外追肥，第一次可在结果枝抽生 10 厘米左右，以 1%尿素喷施，主要是促进花芽分化和植株健壮发育。花后 2 周和 4 周各喷 1 次 0.2%～0.3%磷酸二氢钾，促进果实发育和提高果实品质。最后 1 次叶面喷肥在果实采收期 20 天前进行，喷施 0.3%磷酸二氢钾，可提高枝条成熟度，使其发育健壮。此外还可在生长季喷施 0.2%硼砂水溶液、0.2%硫酸亚铁水溶液或 0.2%硫酸锌以矫正树莓缺素症。

根外施肥的效果与气温、湿度等有关，喷施时间一般在上午 10 时以前和下午 4 时以后，以免气温高影响喷施效果，引起叶片受害。

四、水分管理

要了解当地年降水量及雨量的季节分布，合理管理水分。树莓不能忍耐过多水分，积水或土壤通气不良会造成根系长时间厌氧呼吸，植株衰弱，甚至死亡。水分过量应及时排水。而过度干旱会导致树莓产量下降，因此在植株迅速生长及果实膨大期要保持适量的土壤水分。

（一）适时灌溉

树莓栽培后应及时灌定根水，特别是在西北、华北及春旱少雨地区，这是提高成活率的主要措施之一，也可促进幼树根系与土壤紧密结合。树莓生长期对表层土壤水分变化非常敏感，当表层干燥时苗木根系已受伤害，因此经常保持土壤表层湿润十分必要。当树莓萌发并开始展叶时，应根据土壤水分状况合理确定灌水时期和灌水量。树莓开花结果时，耗水量大，要及时灌水，保持土壤含水达到田间持水量的60%～80%。

根据树莓需水量的特点确定灌水时期，一般一年需灌水4次。主要为：①返青水。在春季土壤解冻后树体开始萌动前。②开花水。可促进树莓开花和增加花量，并为第二年有足够枝芽量打下良好基础。③丰收水。当6月份果实迅速膨大时灌溉，但在以后的雨季中降水基本能满足需求。④封冻水。入冬落叶后，在埋土防寒前灌封冻水可提高越冬能力。

（二）注意灌溉水的水质

这里的灌溉水水质指其物理、化学和生物成分。物理成分指沙质、淤泥、水中悬浮物等，可引起灌溉系统磨损。化学成分指pH、分解物含量、可溶性离子及有机化合物，此类物质可影响树体生长发育进而影响果实品质，如可造成叶烧并抑制生长；很多树莓品种对氯化物、钠和硼等化学成分很敏感；有机溶剂或滑润剂也能危害树莓生长发育。生物成分指生存在水中的细菌和藻类，对果树本身不造成危害，但可影响灌溉操作。

（三）灌溉系统的选择

基本灌水方法有喷灌、滴灌、地表灌溉和地下灌溉4种。要根据土地坡度、土壤吸水持水能力、植物耐水性以及风的影响，选择适合的灌溉方法。树莓对积水敏感，地表灌溉时要严格控制

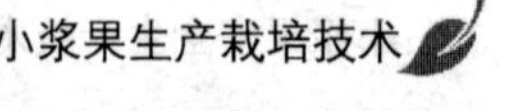

灌水量。树莓对真菌病害敏感，喷灌能使叶面湿透，可促使真菌滋生。坡度>10°时妨碍一些喷灌设施的使用。

五、搭架

适宜的棚架可以减少初生茎与结果茎相互干扰，改善光照，增加产量。选择棚架方式时，一定要多方面综合考虑，棚架支柱可就地取材，其寿命应与树莓的寿命一样，一般应达15年以上。

1. 棚架类型　棚架的形式多种多样，有T形、V形、圆柱形和篱壁形等。T形和V形棚架常用于商业化树莓生产园。篱壁形更适合东北无霜期较短、生长期为110～140天、需要埋土防寒的地区。采用篱架更适合密植生产，能提高经济效益。篱架分单篱架和双篱架。

单壁篱架的设置方式为：在行内每隔5～10米设一根支柱，其上牵引1～2道铁丝，上层铁丝距地1.5米，下层距地1米。春季将株丛的结果母枝均匀的引缚在铁丝上。当年生新梢自由生长，待结果母枝经结果疏除后再将新梢酌情引缚在铁丝上。单壁篱架的优点是架式牢固，枝条受光均匀，光照条件好，并且采收方便。

双壁篱架的设置方式：在树莓栽植行两侧各设置一道篱壁，两壁间距1.0～1.3米。篱壁设置要求与单壁相同。春季结果母枝分别均匀地引缚到两侧的篱壁上。因为当年生新梢在生长前期较为直立，固多集中在两壁中间，到后期虽然较长，直立性差，但由于两边均有铁丝阻挡，使其在无引缚的条件下也不会发生弯倒。双壁壁篱一年引缚一次即可，同样具有单壁篱架的优点。

2. 架材选择　支柱可用木柱、毛竹、水泥柱、钢管柱等，各种架材各有优缺点，选材时以经济耐用为原则。架杆是固定在支柱上引绑枝条的横杆，木、竹、铁丝均可。较常用的支柱有：

木柱：粗8～10厘米，长2.3～2.5米。以木质坚硬的树种较好。使用前充分干燥，埋入土中的部分需用沥青涂抹，以抗腐蚀。

水泥柱：厚、宽各为10.0～13.0厘米，长2.3～2.5米，边柱用高限，中间柱用低限。一般用钢筋作为骨架，使用寿命较长。

3. 篱架的设立 每隔5～10米设立一根支柱，埋入地下深度40～60厘米。每行两端的边柱承受的拉力最大，必须采用较粗大而坚固的支柱，埋入地下要深且牢固。篱架铁丝的粗度可分别选用10～14号铁丝。铁丝用特制的紧线器拉紧，然后用U形钉或其他方法将铁丝固定在各支柱上，但不要钉死，以便根据整形需要随时调整铁丝线的高度。每行两端支柱上安置紧线装置，以便随时拉紧架面上的铁丝。

六、修剪

树莓有旺盛的生长力，株丛每年都发生基生芽和新梢，伸长可达2～5米，枝条丛生，无主干，一年至少需要修剪1～2次。如修剪不合理，易造成光照不足、果实小、品质差、产量低。

修剪时基生枝的剪留长度以1.5～1.8米为宜，这一剪留长度既保证基生枝第二年春抽生一定数量的结果枝，又能使得早春的花芽分化充分完成，并能提高花序和花朵的数量。树莓通常一个结果母枝的地下根状茎一年可萌生基生枝1～3个，修剪时基生枝的留枝密度以平均单株保留6～8枝为宜，最多不超过10个枝。

1. 幼年期整形修剪 当年定植后苗木生长到1米左右时，即引缚上架，秋天掐尖，为越冬作准备。第二年枝条进入结果期，需要进行夏冬结合的修剪方法，应及时剪除干枯、病虫枝条，增加生长枝的快速生长和结果枝的结果率。第一次修剪是在种植第二年，对过密的细弱枝、破损枝要齐地剪除。第二次修剪

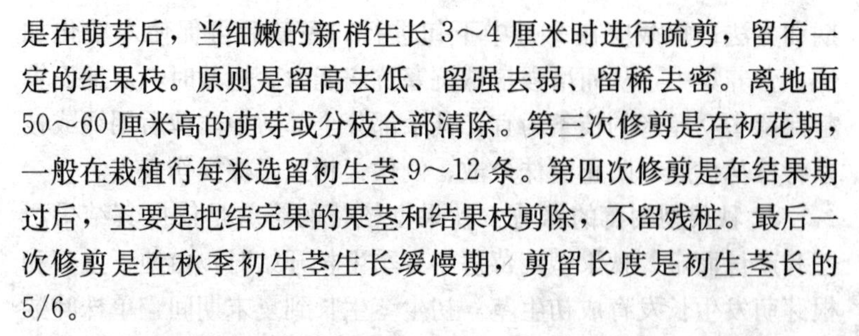

是在萌芽后，当细嫩的新梢生长3～4厘米时进行疏剪，留有一定的结果枝。原则是留高去低、留强去弱、留稀去密。离地面50～60厘米高的萌芽或分枝全部清除。第三次修剪是在初花期，一般在栽植行每米选留初生茎9～12条。第四次修剪是在结果期过后，主要是把结完果的果茎和结果枝剪除，不留残桩。最后一次修剪是在秋季初生茎生长缓慢期，剪留长度是初生茎长的5/6。

2. 盛果期整形修剪　第一次春剪，4月下旬至5月中旬在枝条绑架后、展叶前进行，不宜过晚。春季气温高，枝芽生长快，修剪过晚会因枝芽大部分展叶而消耗结果枝的营养。去除病株、伤枝、短截枝梢。用剪子或刀把株丛的病枝、损伤枝、冻枝、抽干枝剪掉。然后再根据枝条的强弱适当剪留，每丛保留12～15株为宜。将绑架好的枝条梢部进行短截，从地面算，留160厘米高左右即可。横杆以外部分枝条的长度不能过长，否则果实成熟期结果枝易下垂不便于管理、采摘，还易受风害。

第二次夏剪，6月初基生枝全部萌发后，在枝条伸长到30～40厘米时进行。修剪原则是留强去弱，每丛保留12～15个生长强壮的枝条，最好使同一株丛内的植株分布均匀，其余全部剪掉。修剪的剪口与地面越近越好，同时要避免碰伤保留的枝条。

第三次秋剪，首先是对结果母株的剪除，其次是对当年基生枝条短截。①剪除结果母株。8月中下旬果实采收结束后，结果枝开始干枯，为促进基生枝木质化，必须及时剪除母株。修剪前先撤掉枝条架杆，再剪除枝条，并注意保护好当年新生枝条。剪枝的位置，从地面计，不得高于5厘米，以免影响埋土防寒和株丛基部上移，以延长树莓经济生长年限。②当年基生枝短截，即打梢，是对当年基生枝在结果母株剪除后进行的梢部短截。短截后，可促进枝条充分木质化和花芽进一步分化，同时也便于防寒。短截时期不宜过早，过早会出现枝条分枝，花芽秋季萌发而消耗大量营养，各地可根据本地的气候条件适时短截。短截的时期和方法：短截应在9月中下旬进行。短截后可促使木质化加快，营养集中，从而增强植株抗寒抗病能力。短截时，从地面算起保留180厘米的枝条为宜，其余部分全部剪掉。剪后用绳或枝条将株丛拢起，防止植株分散、倒伏，相互摩擦损伤表皮。

3. 秋果型树莓的修剪 秋果型树莓的修剪是依据其结果习性和产量而定。秋果型红莓每年春季生长开始时，由地下主芽和根芽萌发生长发育成初生茎。初生茎生长到夏末期间，单株叶数35片以上，从茎的中上部到顶端形成花芽，当年秋季结果。如果这种已结过果的茎保留下来越冬，到第二年夏初，二年生茎的中下部芽将抽生结果枝结果。但是，这种“二次果”的质量和产量不如头年秋果好，这是因为受当年初生茎生长的干扰，果实发育时养分不足，另外采收二次果也极为困难。同样，当二年生茎的结果枝生长结果时也影响初生茎生长和结果。可以通过修剪来把这种具有连续结果习性的树莓改为每年只结一次果。

修剪操作基本方法是，每年在休眠期进行一次性的平茬。果实采收后，果茎并不很快衰老死亡，在9～10月份还有一段缓慢的生长恢复期，待休眠到来之前，植株的养分已由叶片和茎转移到基部根颈和根系中贮存。因此，修剪的适宜时期应在养分全部回流之后的休眠期至翌年2月份开始生长前。剪刀紧贴地面不留残桩，全部剪除结果老茎，促使主芽和根系抽生强壮的初生茎，并在夏末结果。

七、埋土防寒

树莓抗寒性很强，基生枝一般可忍受－40～－30℃的低温，但我国北方冬季气温低，风力强，地上部枝条若不加以保护极易失水而干枯死亡，所以应采取一定的防寒措施。目前生产上常用的是压倒基生枝将其埋入土中越冬防寒。埋土防寒要比覆盖草帘、稻草、秸秆、塑料薄膜等效果好。

树莓埋土防寒不宜过早，一是树莓植株没有得到抗冻锻炼，在土层保护下会降低其越冬抗冻能力；二是当时土层内温度较高，促使防寒土堆内滋生霉菌，使树莓基生枝受害。埋土防寒过晚，土壤一旦冻结，埋土困难，冻土块之间易出现空隙，降低埋土保湿及防止基生枝散失水分效果，易造成冻害。通常是经过几次早霜之后，土壤没有完成结冻之前进行，沈阳地区为 11 月上旬。

埋防寒土的原则是“不折、不露、不透”，即枝条不折断、不裸露在外、不透风。10 月中下旬开始对枝条进行修剪，对过长、过嫩的枝进行修剪。给植株喷一遍石硫合剂，对灰霉病、茎腐病等病菌进行杀灭，减少病菌滋生和蔓延。埋土防寒前一周要根据土壤墒情适量浇一次越冬水，浇水量不宜过大以湿透干土层为宜，尤其对保水性差的沙土尤为重要。将枝条从架上解下，每丛枝条上、下捆扎两道，然后在基部垫好枕头土，按同一方向将枝条慢慢压倒在地面。应当注意的是，当早晨温度低时枝条较脆，易折断，应在温度升高后进行。埋土时先在基生枝两侧培土，如果时间允许可间隔几天后再在上方埋土，以免埋土过早。埋土时要边培土边拍实，防止透风，埋土厚度 20～30 厘米。如果在枝条上盖一层彩条布或盖上一层塑料薄膜，然后埋土防寒，效果会更好。防寒取土时应在距植株 1 米外取土，以免伤根太重。

八、撤土上架

在春季树液开始流动后至芽眼膨大前，必须撤除防寒土及时上架。出土过早根系未开始活动，花芽易遭风吹而失水，过晚则芽眼在土中萌发，出土上架时易被碰掉。一般在 10 厘米地温稳定在 3～5℃时为宜。沈阳地区通常在 4 月初出土上架。

撤防寒土时要先撤两边，后撤中间，否则易碰伤枝芽。撤土之后解开捆绑，将枝条扶起，再用细绳将其均匀绑缚的架面上，一般10厘米一个枝条，不要将多个结果母枝捆绑在一起。上架后枝条基部的浮土撤净，以不露根为宜，以免根癌上移，缩短株丛生长寿命。撤土后及时灌水，防止抽条，然后再喷一次石硫合剂防病。

第三节　穗醋栗和醋栗

一、建园

1. 园地的选择　穗醋栗和醋栗是多年生果树作物，在建园之初必须对园址依地形、土质、水分等影响生长发育的重要条件加以选择。本着因地制宜的原则选择地块，发挥生产潜力，提高产量，获得最大的经济效益。

穗醋栗和醋栗喜欢生长在中性或微酸性、土层较厚、腐殖质较多、疏松而肥沃的土壤上。油沙土、草甸土和沙壤土都很适宜。土壤黏重或盐碱含量过高不适于穗醋栗和醋栗的生长。建园最好选择平地，因为平地灌水条件好，便于管理及机械化作业。但要注意地下水位高的地方不易建园，地下水位应在1.5米以下，否则土壤湿度大、地温低，不利于生长，同时夏秋多雨季节排水困难易形成内涝，使树体贪青徒长，枝条成熟度差，营养积累不好，抗寒力下降。

园地也可以选择山地与丘陵地。这些地方地势高燥，空气流通，光照充足，排水良好。山地的地势、地形、坡度、坡向等都十分复杂，因此存在着山间局部小气候的差异。选地最好选择在山腰地带，坡向最好是朝南或西南。山脊土层薄，风也较大。山麓虽然沃土层较深，灌水方便，管理也方便，但往往土壤水分和空气湿度过大，光照不良，不适合穗醋栗和醋栗的生长。山间谷地和山间平地下沉的冷空气难以排出的地带易遭受早霜和晚霜危害，尤其是穗醋栗和醋栗花期早，最易受晚霜的危害，因此这样的地带不适于建园。丘陵地的土质、水利和管理条件等介于平地和山地之间，其顶部土层薄，风蚀、水蚀严重，肥力差。丘陵下部土质较厚、肥沃，在丘陵地区选择园地时要根据土壤肥力、水源条件、交通运输条件等综合考虑，择优选用。

选地时还要注意利用园地周围自然屏障如高山、森林等或栽植人工防风林来减轻风害，有利于冬季积雪，保持土壤水分和空气湿度。

2. 定植

（1）定植时期。穗醋栗和醋栗的定植可在春、秋两季进行。

春栽利用假植越冬的苗木于4月上旬土壤化冻而芽未萌发时进行，此期墒情好，有利于成活。但春栽由于苗木在贮藏中根系和枝条受到一些损伤，栽后缓苗期长，不如秋栽的旺盛。另外，春季时间较短促，一旦栽得过晚，苗木芽已萌动，影响成活。

秋栽在10月上中旬进行。起苗后立即定植，栽后灌透水，而后埋土防寒。秋栽优于春栽，由于苗木省去贮存过程，起苗后直接栽到地里，苗木不受损伤，枝芽活力好。当年秋季一部分根系能恢复生长，第二年春返浆期根系就可以开始活动，化冻后就可萌发生长，生长整齐旺盛。秋栽还可避免因假植不当而引起的苗木发霉或抽干而造成的损失。

（2）定植株行距。株行距大小主要受品种和机械化作业程度的影响，应以密植和便于行间取土防寒为原则。目前生产上多采用小冠密植，株行距为1米×2米，1.5米×2米或1.5米×2.5米，每公顷5 000丛、3 000丛或2 600丛。为了早期丰产，近年来国内外趋向合理密植，行距为2.0～2.5米，株距0.4～0.7米，每穴栽苗1株，每公顷需苗10 000～12 000株，单行排列，定植2年后株丛相接连成带状。这种结构更能合理利用光源和土地，通风好，便于防寒取土、机械化采收和田间管理。

（3）定植方法。先按株行距测好定植点，做好标记，然后挖深度和直径各50厘米的定植穴。挖时将表土和底土分开放置，表土与肥料（每穴 7.5～10.0 千克有机肥或 100 克过磷酸钙）混拌后填入穴内，接近穴深 1/2 时就可栽苗。带状栽植可利用大犁开沟，沟深 40 厘米，沟底宽 50 厘米，沟面宽 80 厘米。将基肥与沟土混合，填到沟深 1/2 时拉上测绳，按株距栽苗。

定植前要剪枝，即在根颈以上留 10 厘米左右剪下，经过剪枝的苗木不但成活率高还可以发出 2～4 个壮条。定植时每穴 1 株，将苗定植在穴中央，2 株的要顺着行，2 株相距 20 厘米，3 株的成等腰三角形栽植。根系要尽量舒展开，接触根系的土尽量用细土，当填平定植穴时要轻轻提苗，避免窝根，然后踩实。以定植穴为直径做灌水盘，灌透水。栽植后根茎低于地表 3～4 厘米为宜。

（4）定植后的管理。秋季定植的苗木灌水后用土将苗埋严越冬，翌年 4 月中旬撤土，接着灌一次催芽水。春季定植的苗木灌水 1～2 天后要松土保墒。不论是秋栽还是春栽，都要根据土壤水分状况随时灌水，确保成活。定植的苗木春季萌芽展叶后要进行成活率检查并及时补栽缺株。以后进行正常的田间管理。

二、土壤管理

幼龄果园行间较大，可进行间作。间作物应选择生长期短的矮棵作物，如小豆、绿豆、马铃薯、萝卜、大葱等。间作物要与穗醋栗和醋栗无共同的病虫害。不宜种高棵、爬蔓作物，以防遮阴影响生长。间作物要距离株丛 0.3 米以上，株丛周围要松土除草。

成龄果园由于穗醋栗和醋栗树冠不断扩大，行间变小，根系吸收范围加大，不宜再进行行间间作。此期土壤管理的任务是提高肥力，满足生长与结果需要的营养物质。除正常的肥水管理外，还应注意铲地或中耕，清除杂草。灭草的方法除勤铲勤耕外，还可采用除草剂，如锄草醚钠盐、西玛津、百草枯、拿扑净等。施用除草剂应在秋季落叶或春季萌芽前进行，既能抑制杂草，又不影响枝条的生长。

三、水分管理

穗醋栗和醋栗喜湿但也怕长期水涝，水分管理主要是做好灌水和排水工作。

根据穗醋栗和醋栗一年中对水分的要求，应重点满足以下4个比较关键的需水期水分供给。

1. 催芽水　要在4月中旬解除防寒后马上浇灌，目的是促进基生枝和新梢的生长，促进根系的旺盛生长和花芽的进一步分化充实，满足开花期对水分的需要。

2. 坐果水　要在落花后的5月下旬浇灌。此期基生枝和新梢生长迅速，果实刚刚开始膨大，是需水的高峰期，缺水会引起落果。

3. 催果水　于6月中旬浇灌。此期气温高，植株蒸腾量大，应根据果园的土壤含水情况进行灌水，以保证果实迅速膨大。

4. 封冻水　在10月下旬埋土防寒前灌封冻水，可以满足冬春季节对水分的要求，同时具有防止土壤干裂，提高地温的作用，对减轻植株越冬抽条、安全越冬十分重要。

几次灌水不能机械照搬，要根据植株生长状况、土壤湿度和天气情况灵活运用。灌水方法除盘灌和沟灌外，最好采用滴灌或喷灌。灌水可以配合施肥进行。灌水时必须将根系分布的土壤灌透。灌水后覆盖浮土以利保墒。

在雨季、积水的地方需设排水沟排水，或通过种植绿肥来减少水分，以后再将绿肥翻到地里增加土壤肥力。

四、施肥

施肥对穗醋栗和醋栗增产有显著的效果。施基肥在秋季和早春进行。成龄园每公顷施厩肥 50 000～60 000 千克，幼龄园施 30 000～40 000 千克。一般采用开沟施，在距根系 30 厘米处开沟，深 10～20 厘米，宽 10～15 厘米，施肥于沟内，而后盖土。施肥沟的位置应逐年向外移，沟也加深、加宽，直到全行间都施过肥。追肥可分为土壤追肥和叶面追肥。落花后，新梢速长、果实开始膨大，是最需肥时期。此期进行 1 次土壤追肥，每株丛施入尿素 50～75 克，硝酸铵 75～100 克，可促进新梢生长提高坐果率。叶面追肥一般在 6～7 月进行，用 0.3%尿素补充氮肥、30%过磷酸钙浸出液补充磷肥、40%草木灰浸出液补充钾肥，每 10 天左右叶面喷施 1 次。

针对东北地区穗醋栗和醋栗普遍缺钾的问题，在栽培中应重视钾肥的施用，克服现在生产中单纯施氮肥的现象。施入氮、磷、钾等肥料，应根据当地土壤、气候、栽培管理条件等科学进行。近年来，国内外学者对叶片进行分析后确定出标准值，作为合理施肥的参考依据。

五、修剪技术

穗醋栗和醋栗寿命很长，在这样长的时间里如果任其自然生长其结果必然是枝条纵横交错，株丛中强、弱、新、老、死枝并存，树冠郁密，结果部位外移，产量下降。通过修剪可以人为地控制株丛的留枝量，使株丛内有一定数量、一定比例的不同年龄的枝条，并使其合理分布形成良好的株丛结构。修剪还可以调节营养生长和生殖生长的矛盾，不修剪的株丛生长与结实难以得到调节，虽枝叶繁茂，但只是零星结果，产量甚低。

穗醋栗和醋栗是喜光的作物，要求株丛通风透光。不修剪的自然生长情况下，不利于合理利用光能和改变通风条件，而整形修剪可以合理控制枝量及分布，创造通风透光条件，尤其是带状密植修剪更为重要。修剪还有利于田间管理，如打药、中耕除

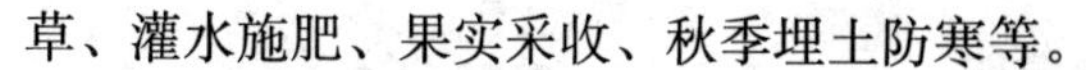

草、灌水施肥、果实采收、秋季埋土防寒等。

整形修剪的原则是根据定植密度，使株丛有一个比较固定的留枝总量。一般为20～25个，其中一年生、二年生、三年生和四年生枝各占1/4左右，即每年株丛中都有一至四年生枝各5～6个，五年生以上枝条因产量下降全部疏除。

（一）整形修剪方法

1. 短截　即剪去枝条的一部分。短截一般在基生枝的1/3或1/4处进行。对基生枝进行适度的短截后，可以促使其当年长出长短不同的结果枝，这些结果枝来年成为最能丰产的二年生骨干枝。

2. 疏枝　即将枝条从基部剪去，这是黑穗醋栗修剪中应用最多的方法。主要用于结果3～4年以上的老枝、过密枝、纤细瘦弱枝、下垂贴地枝以及受到机械损伤、虫害等的枝条，将其从基部疏去，以健壮枝代替。

（二）整形修剪时期

分夏季修剪和春季（休眠期）修剪2个时期。

1. 夏季修剪　5月下旬至7月份以前都可进行。5月下旬，当基生枝长到20厘米左右时，大量的基生枝使树冠郁密，消耗营养，要通过修剪合理留枝。每丛选留7～8个健壮的基生枝，均匀分布在株丛中，其余的基生枝全部疏除，但欲进行绿枝扦插或秋季剪插条的株丛应适当多留一些。夏季修剪主要是疏去幼嫩的基生枝，使保留下来的骨干枝生长健壮，花芽分化好，为来年丰产奠定基础。

2. 春季（休眠期）**修剪**　春季修剪应在4月解除防寒后萌芽前进行。主要疏除病虫枝、衰弱枝和因埋土防寒受到伤害的枝条。对留定后的枝条顶部细弱部分或有病虫害的部分进行短截，对多年生枝上的结果枝及结果枝群也要进行疏剪和回缩。

（三）整形修剪操作

现以黑穗醋栗每穴定植 2 株为例来说明整形修剪的具体过程。

第一年（即定植当年）：苗木定植时已在根茎 10 厘米处短截，当年 6 月份每株苗就可以从留下的 10 厘米处枝段上发出2～3 个新枝，2 株苗共 4～6 个。

第二年：春季株丛中有 4～6 个二年生枝，在其中选留 3 个较粗壮的枝条短截 1/4 左右，为下一年培养结果枝，其余的枝不短截，可以少量结果。在它们的基部又发出十几个基生枝，在夏剪时，剪去过弱的基生枝，其余大部分留下，大约 10 个。

第三年：株丛中有 4～6 个三年生枝，开始大量结果；有 10 个左右二年生枝，春剪时选留 7～8 个，并在二年生枝中留 3～5 个在 1/4 处短截，其余疏除。夏季修剪时再从大量基生枝中选留 10 个。

第四年：株丛中有 4～6 个四年生枝，相继大量结果；7～8 个三年生枝也开始大量结果。春剪时对上年留下的 10 个左右基生枝中选留 6～7 个。此时已形成具有丰产能力的株丛，正常情况下结果 2.5～5.0 千克。夏季修剪又重复第三年的做法。

第五年：株丛进入盛果期，除了春季将五年生枝疏除外，其余剪法与第四年相同，以后每年剪法皆同第五年。如此年复一年，株丛的枝量、不同枝龄枝条的比例和结构自然被固定下来，在此基础上再处理好病虫枝、衰弱枝、结果枝和结果枝群，整形修剪的目的就能实现。

六、越冬管理

我国北方地区冬季气候严寒、干旱，由于穗醋栗和醋栗的大部分品种越冬能力差，冬季经常发生枝条受冻及抽条干枯现象，

使株丛部分枝条甚至大部分枝条死亡，严重影响长势和产量。不同品种抽条现象发生程度不同。关于黑穗醋栗越冬后发生抽条死亡的原因研究认为主要有3点：一是生理干旱。研究表明，枝条枯死与其自身的含水量有关，初冬时枝条含水量达50%以上，第二年3～4月枝条含水量降至24%～21%，枯死率达100%。生理干旱发生在整个冬春季节，但突出表现在春季，即3月末至4月初，这期间由于冻融交替的气候条件和植株状态的变化，枝条蒸腾明显加大，枝芽很快枯死。二是冻害。冻害发生在深冬季节，发生的部位在距地表之上5～20厘米，受冻器官主要是芽枝条髓部、芽和枝条向阳面的皮层和韧皮部，冻害的程度随着冬季的度过不断发展，日趋严重，初春（3月末至4月初）冻融交替期冻害达到极重程度，加上此期又遇到天气转暖，芽膨大，所以枝条由于蒸腾和冻害而干枯致死，通常称之为冻旱或抽条。可见引起黑穗醋栗抽干致死主要是生理干旱与冻害共同作用的结果。另外，一部分枝条抽干是由于茶藨透羽蛾蛀入枝条髓部形成失水通道而引起。

抽条干枯致死的原因除生理干旱、冻害、虫害之外，还有一个最根本的原因即品种的问题，关键是品种的越冬能力。越冬能力强的薄皮和奥衣宾秋季落叶早，枝芽成熟度好，自身保护能力强。越冬能力差的厚皮亮叶等品种秋季落叶晚，自身保护能力差。

在解决上述问题的同时，要积极采取栽培措施，预防冻害和减少蒸腾，减少枝条抽干死亡。

1. 注意防风　建园时应栽植防护林或依靠天然屏障，以防风和积雪。

2. 加强综合管理，提高果树越冬能力　做到合理施肥灌水，加强其他田间管理，使植株生长发育正常，保证枝梢秋季正常停止生长，增加营养积累。浆果采收后要减少氮肥和水分的供给量，雨水过多时要及时排水，越冬前灌封冻水。

3. 注意树体保护 及时防治病虫害，尤其是茶藨透羽蛾、大青叶蝉等。

4. 越冬时埋土防寒 埋土防寒应在秋末大地封冻前进行，一般在10月中下旬。防寒以前要将果园的枯枝落叶先打扫干净，集中起来埋入土中或烧掉，然后灌透封冻水。埋土时应在行间取土，避免根系受伤和受冻。先向株丛基部填少量土，以免在按倒枝条时将其折断，然后将枝条顺着行间按倒，捋在一起，盖上草帘或单层草袋片，再盖土。土不必过厚，以不透风不外露枝条为原则，一般15～20厘米。可先用大块压住，然后再填碎土，最后形成一条“土龙”。如资金困难，也可以不盖草帘直接埋土，但用土量大、费工，解除防寒时易碰伤枝条。冬季要经常检查，将外露的枝条或缝隙处用土盖严，勿使透风。

解除防寒一般在4月中旬进行。盖有草帘的撤土时简单省力。没盖草帘的要先撤株丛外围的土，当枝条露出后小心扶起，再将株丛基部的土撤净，保持与地面平行，不能留有残土，否则株丛基部土堆升高，根系也随之上移，容易受旱和受冻，并且给以后的防寒带来不便。撤完防寒最好直接做出树盘，以便灌水。

撤土时尽量注意要少伤枝芽，撤土后要根据土壤墒情及时灌水，促进萌芽开花与抽枝。撤下的土填回原处，使行间保持平整，用过的草帘临时放在田间，霜冻过后（用于遮盖树体防晚霜危害）保存起来，草帘可连用3年。

第四节 沙 棘

野生中国沙棘和实生播种的大果沙棘种子其后代雄株比例接近70％，雌株进入结果期较迟，一般播种后第四年才开始结果，且产量低，采摘困难。前苏联采用优良大果沙棘品种建园，每公顷产量可达18.2～21.4吨。这说明要发展沙棘产业必须建立人工大果沙棘园，才能提供大量加工用果实，使其成为不发达地区

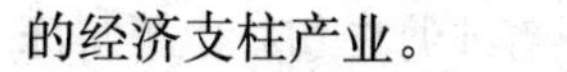

的经济支柱产业。

一、建园

1. 园地选择和规划 沙棘在山地、丘陵、高原、风沙地、平地都能生长，阴坡、阳坡、山顶也能栽培，但以阳坡山地最为适宜。沙棘对土壤要求不严格，但以中性和弱碱性沙土为好。野生沙棘生长在栗钙土、灰钙土、棕钙土、草甸土等土壤上，耐盐碱、耐水湿、更耐干旱瘠薄，能在地表土壤只有5厘米深、含水率3%～7%、贫磷缺氮的栗钙土上生长，可以在pH 7.0～9.5的碱土或含盐量达1.1%盐地上生存，但产量不高。不喜过于黏重的土壤，在黏重土壤生长较差。河滩沙地建园应尽量引洪淤灌、改良土壤。年平均气温4.7～15.6℃、年均10℃以上活动积温为2 500～5 000℃的地区都适宜沙棘的生长。

地下水位在1.0米以下，园地排灌方便。沙棘耐旱，对降水要求不严，在年降水量250～800毫米的地区都可生长。年日照时数以1 900～3 400小时为宜。最适海拔高度为700～3 500米。

选好园址后，进行园地作业小区、道路、防护林配置和排灌系统的规划。作业区一般不宜超过10公顷（200米×500米），长边南北向较好，园地边围栏并栽植防护林。

整地在栽植前一年进行，先深翻30～50厘米，并施入腐熟厩肥50～100吨/公顷，休闲一年。结合机耕整地可施入除草剂，彻底熟化土壤。坡地应修鱼鳞坑或矮梯田保持水土。最好种植一年绿肥作物或豆科作物，秋季深翻入土中以培肥地力，耕翻深度30～40厘米。然后挖好栽植坑，坑为直径60厘米、深度60厘米的圆形坑，每坑施入农家肥10千克、磷酸二铵0.2千克，覆土50厘米，与肥料拌匀。吉林省东部长白山区和黑龙江北部大小兴安岭地区土壤微酸性，整地时应施入石灰1吨/公顷即可。

2. 定植 沙棘春栽或秋栽均可。在东北地区，因冬季寒冷，有的地方积雪少，多采用春栽。一般在早春 4 月中旬，土壤解冻 50 厘米深时即可栽植。选无性繁殖的大苗和壮苗栽植。

栽培密度视品种树势强弱而定，一般株高 2～3 米的株行距采用 2.0 米×2.5 米或 2 米×3 米，株高 4～5 米的以 3 米×4 米为宜，也有采用株行距为 2 米×4 米的。沙棘雌雄异株，风媒传粉，因而需要雌、雄搭配栽植，授粉树的数量和配置方式直接影响到产量和品质。一般情况下沙棘传粉的有效距离为 70～80 米，超过 80 米授粉效果不佳。一般每 5～8 株雌株配置 1 株雄株，作业区边行只栽雄株，园内雄株栽植时呈行状或隔行呈三角形均匀配置。如雌雄株比例为 8∶1，为使雄株均匀分布，可采用每 3 行为一组、每组中间一行每隔 2 株定植 1 株雄株的栽植方式。授粉品种首选俄罗斯沙棘雄株阿列依。

栽苗采用穴栽，做到大坑、大肥、大水，树坑深宽各 60 厘米，坑底要平，上下通直。每坑施入基肥 10～15 千克，混入表土拌匀，后取出一半。坑内混合土堆成小丘，苗木垂直放入坑中，根系舒展开，根颈略高于坑边，然后将坑外混合土填入，最后再填底土至满坑。做树盘，浇透水，待水渗入后再覆一层细土。如春旱，也可以在坑上覆盖地膜保湿以提高成活率。远途运输的苗木在运输过程中均有失水现象，栽前将根系在清水中浸泡 24 小时后再栽植，成活率高。当地苗木或在当地假植的未失水的苗木，一年生苗根系在清水中浸泡 6～12 小时成活率高，二年生苗木特别是二年生根蘖苗根系在清水中浸泡 24 小时成活率高。

3. 天然林及人工林抚育成园　作为果树栽植的沙棘一般应考虑在沙棘林区和特定地点新建园，并栽植无刺大果优良品种。但在目前优良品种较少、耕地紧张的情况下，可以利用当地的天然林或人工林抚育改造成园，既减少投资，又对现有沙棘林进行了维护和管理。

东北地区除辽宁西部林区有部分天然沙棘林外，吉林省及黑龙江省多为人工林，一般分为防护林、薪炭林及经济林。吉林省

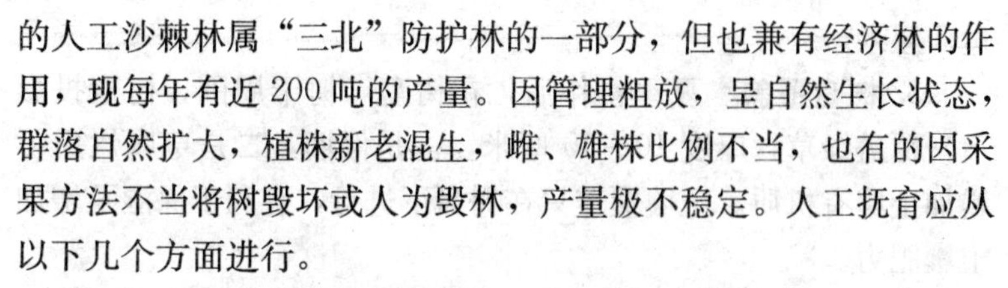

的人工沙棘林属“三北”防护林的一部分，但也兼有经济林的作用，现每年有近200吨的产量。因管理粗放，呈自然生长状态，群落自然扩大，植株新老混生，雌、雄株比例不当，也有的因采果方法不当将树毁坏或人为毁林，产量极不稳定。人工抚育应从以下几个方面进行。

（1）*林地更新*。将林地内生长12年以上开始衰老的老树及病弱树进行平茬更新，有条件的也可以将根刨出。清除林内地表的杂草、小灌木等其他混生植物。

（2）*调整雌、雄株比例*。人工林多播种营造，自然生长后雌、雄株比例不当，一般是雄株多，可占60%以上。老树更新后应按雌、雄株比5∶1或8∶1留雌雄株，多余的雄株除掉或栽到边上用来围园或做防风林。雌、雄株的鉴别方法是看树形、花形和叶位，雌树树形开张，花芽小，开花略晚，叶对生或近对生；雄株则树直立，花芽大，早开放，叶多互生轮生。

（3）*匀苗*。将过密的株丛挖出补栽到过稀的地方，以挖小的根蘖苗为好。匀苗后的株行距可比建园时密一些，达到1.5米×2.0～2.5米即可。

（4）*改劣换优*。基本成园后，逐渐平茬更新改换成无刺大果优良品种，或通过嫁接改劣换优，改造成丰产的沙棘园。

二、土壤管理

1. 幼年园的间作及管理 幼年树未结果前，可充分利用行间间作一些蔬菜类作物或绿肥作物，也可育苗。如可间作一些茄果类蔬菜，但不要间作白菜和萝卜。绿肥作物可选豆科作物紫花苜蓿、三叶草等，既能改良土壤又能增加收入。

2. 中耕除草 在杂草再生、灌水或雨后应及时进行中耕除草，每个生长季节进行4～6次。幼龄园深耕，耕翻深度15厘米；成龄园浅耕，耕翻深度不超过10厘米；靠近树干处不宜超过5厘米。

3. 树盘覆盖 夏季耕作后，在树盘（树干周围、树冠投影下）覆盖绿草，厚度10～15厘米，一是保墒，二是草腐烂后可增加土壤有机质。土壤覆盖只在树盘下进行，有利于保湿及增加土壤肥力。

三、水分管理

沙棘多栽植在较干旱的地区。在沙棘生长期内，如果降雨量较小，不能保证沙棘正常生长发育时，要进行必要的灌溉，特别是在开花期和结果期。

有浇灌条件的人工沙棘园施肥后应立即灌水，采用滴灌方式最节水且效果也最好。虽然沙棘耐瘠薄和耐干旱，可以不施肥灌水，但要想获得高产稳产和优质高效，必须进行施肥和灌水。

一般在植株需水临界期或干旱季节灌水2～3次。沙棘抗旱，但灌溉可加速其生长。在有灌水条件的地方应在萌芽开花期灌水1次，提高土壤持水量，促进根系生长。其他时期如天气干旱也应灌水。

四、除草

每年在6月、8月、10月进行3次除草，也可用除草剂如阿特拉津或西玛津200倍液喷洒，用药量为4.5～7.5千克/公顷。王德林等研究沙棘实生苗化学除草时发现，乙氧氟草醚是较好的除草剂，每667米^{2}喷施剂量为40～50毫升，时间为播后出苗前。在药效结束前进行二次喷施。通过2次喷药，可确保播种后至少60天内无草害发生。若3次喷施，可确保全苗期无草害。

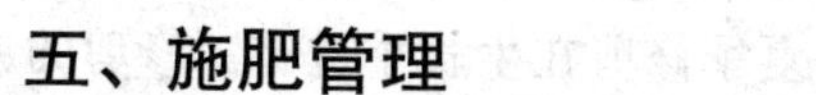

五、施肥管理

沙棘需要充足的土壤养分，但相对于苹果、梨等果树，其对氮、磷、钾的需求量要少。研究表明，在缺磷的土壤中，沙棘对土壤磷含量具有很强的反应，可通过将过磷酸钙深翻埋进土壤中解决。

1. 基肥和追肥　根据沙棘的生长发育规律和需肥特点，在秋季施基肥，即有机肥（农家肥）每株15～20千克，磷肥（过磷酸钙）每株0.5千克；在8月份花芽分化前增施磷、钾肥，以促进花芽分化，确保来年产量；在春季萌芽后、坐果期和果实膨大期追施速效性化肥，主要施尿素、磷酸二铵、磷酸二氢钾、过磷酸钙和硫酸钾等，氮、磷、钾的比例是1∶2∶1，每次施入量为每株0.1～0.2千克。

2. 根外追肥　在沙棘生长期急需氮肥时，可进行根外追肥（叶面喷肥）。尿素可用3～5克/升，不能超过5克/升（临界值），超过则叶面发生药害。急需磷钾肥时，可喷3～5克/升的磷酸二氢钾和硫酸钾。缺铁时可喷1～4克/升的硫酸亚铁。据Mishulina（1976）报道，叶面喷施铜、钼、锰、碘、硼、钴和锌等微量元素，可以使果重增加34.5%。

3. 种植绿肥　沙棘多生长在土壤较瘠薄的地方，种植绿肥可增加土壤有机质，改良土壤理化性状，增强沙地的保肥保水能力，使黏重土壤疏松通气。常见的绿肥作物有紫穗槐、沙打旺、草木樨、田菁和豆科作物如绿豆、大豆、豌豆、三叶草等。

六、整形修剪技术

沙棘的整形是为了保持生长势平衡，改善通风透光条件，培育稳产优质高效树形。生产上常用树形为灌丛形和主干分层形。

沙棘修剪分为冬季修剪和夏季修剪。冬季修剪在休眠期进行，东北一般在早春3月进行。夏季修剪在生长季进行。修剪的方法有：①疏枝。将过密弱枝、衰老下垂枝、干枯枝、病虫枝、无用的徒长枝、交叉枝从基部剪除称为疏枝。作用是促进营养积累，改善通风透光条件。②短截。剪去一年生枝的一部分称为短截，分为轻、中、重短截。只剪去一年生枝条先端的部分称为轻短截，从一年生枝的中上部截去称为中短截，从一年生枝基部短截称为重短截。作用是促进分枝和发枝，扩大树冠，为早结果打基础。③缩剪（回缩、压缩）。剪去多年生枝条的一部分称为缩剪。作用是使树体健壮，缩短枝轴，增强树势。④拉枝。将旺长枝、直立枝拉成近水平状称为拉枝。作用是缓和树势，促进花芽形成。⑤摘心。掐去新梢顶端生长点部分称为摘心。作用是抑制营养生长，促进养分积累，促进分枝和坐果。⑥缓放。对水平枝或斜生枝不剪称为缓放。作用是积累营养，促进结果。

1. 灌丛状整形　如沙棘的自然半圆形树形、自然开心形树形。无主干，如定植苗只有1个主干应在15～20厘米处短截定干，促进萌发侧枝。一般在地上部10～15厘米以上留3～5个骨干枝，每个骨干枝留3～4个侧枝，形成灌丛。头两年只剪枯枝，第三、四年疏除重叠枝、过密枝、下垂枝、短截细长枝和单轴延长枝。树高控制在2.0～2.5米。主要适用于土壤贫瘠地块沙棘植株整形。

2. 主干形整枝　以低干主干疏层形较好。通常于苗木定植后，距地面高40～60厘米处定干。从剪口下10～20厘米选3～4个分布均匀的新梢，留作第一层主枝。当年秋季各主枝留10～20厘米长短截；第二年春，对各主枝上发出生长旺的枝条可于夏秋季留20～30厘米短截，适当疏剪弱枝；第三年，对新发侧枝一般不短截，只对生长旺的长枝打梢，并疏剪过密枝，逐渐扩大，充实第一层树冠。

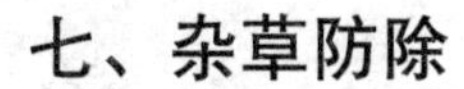

七、杂草防除

沙棘新造林地的杂草防除也是非常必要的。绝大多数杂草根系发达，生长旺盛，由于杂草控制不利引起的苗木死亡率要高于由其他原因导致的死亡，所以造林整地时要尽力铲除杂草。在树冠高于杂草前，栽植后4～5年内为防治关键期，铲除杂草非常重要。

利用机械或人工防除林下的杂草都是非常有效的。一个生长季通常要除杂草3次。清理杂草的深度通常不超过8厘米，以免伤害树根。另外，操作要当心，防止对树木造成机械损伤，为此可采用机械除草和人工除草或采用特制的除草工具相结合的办法。

第五节　五　味　子

一、建园

1. 园地选择　为了获得较好的经济收益，必须选择能使五味子植株正常生长的小区气候，从而达到优质、高产。无霜期120天以上，≥10℃年活动积温2 300℃以上，生长期内没有严重的晚霜、冰雹等自然灾害的小区环境，适宜选作五味子园地。黑钙土、栗钙土及棕色森林土等土壤呈微酸性或酸性，具有通透性好、保水力强、排水良好、腐殖质层厚的特点，适宜种植五味子。五味子对土壤的排水性要求极为严格，耕作层积水或地下水位在1米以上的地块不适于栽培。栽培五味子的土壤除需符合上述条件外，还应符合无污染的要求。

不同地势对栽培五味子的影响较大。山地背阴坡的林缘及疏林地，光照条件好，土壤肥沃、排水好、湿度均衡。人工栽培的经验表明，5°～15°的背阴缓坡地及地下水位在1米以下的平地都可栽植五味子。

五味子比较耐旱，但是为了获得较高的产量和使植株生长发育良好，生育期内必须供给足够的水分。所以在选择园地时，要注意在园中或其附近有容易取得足够水量的地下水、河溪、水库等，以满足栽培五味子对水分的需要。

2. 定植前的准备 在栽植的前一年秋季进行全园深翻熟化，深度要求达到50厘米。或在植株主要根系分布的范围进行局部土壤改良，按行挖栽植沟，深0.5～0.7米、宽0.5～0.8米，也能够创造有利于五味子生长发育的土壤条件。栽植前主要是施经过充分腐熟有机肥，如人、畜粪和堆肥等。可配合施入无机肥料，如过磷酸钙、硝酸铵、硫酸钾等。无机肥的施用量为每667米^{2}施硝酸铵30～40千克、过磷酸钙50千克、硫酸钾25千克。

定植沟的规格可根据园地的土壤状况有所变化，如果园地土层深厚肥沃，定植沟可以挖得浅一些和窄一些，一般深0.4～0.5米、宽0.4～0.6米即可；如果园地土层薄，底土黏重，通气性差，定植沟就必须深些和宽些，一般要求深达0.6～0.8米、宽0.5～0.8米。挖出的土按层分开放置，表土层放在沟的上坡，底土层放在沟的下坡。挖定植沟必须保证质量，要求上下宽度一致。先回填沟上坡的表土，同时施入有机肥料，填至沟的2/3后，回填土的同时施入高质量的腐熟有机肥和化肥，以保证苗期植株生长对营养的需要。回填过程中，要分2～3次踩实，以免回填的松土塌陷，影响栽苗质量，或增加再次填土的用工量。

3. 架柱、架线的设立

（1）架柱的埋设。在建五味子园的过程中，架柱的埋设需在栽苗前完成。架柱可用木架柱，亦可用水泥架柱。中柱用小头直径8～12厘米、长260厘米的木杆，边柱用小头直径12～14厘米、长280厘米的小径木。把架柱的入土部分用火烤焦并涂以沥青，可以提高其防腐性，延长使用年限。水泥架柱一般由500号

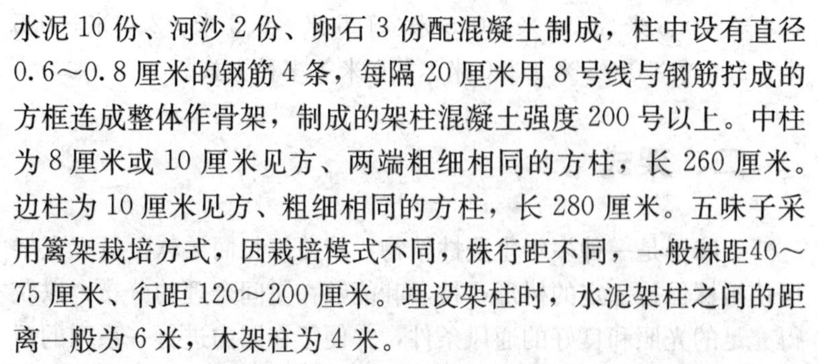

水泥10份、河沙2份、卵石3份配混凝土制成，柱中设有直径0.6～0.8厘米的钢筋4条，每隔20厘米用8号线与钢筋拧成的方框连成整体作骨架，制成的架柱混凝土强度200号以上。中柱为8厘米或10厘米见方、两端粗细相同的方柱，长260厘米。边柱为10厘米见方、粗细相同的方柱，长280厘米。五味子采用篱架栽培方式，因栽培模式不同，株行距不同，一般株距40～75厘米、行距120～200厘米。埋设架柱时，水泥架柱之间的距离一般为6米，木架柱为4米。

（2）架线的设置。五味子园架柱埋设完成后，需设置架线。架线的间距为0.6米左右。第一道架线距地面0.75米，第二道架线和第三道架线分别距地面1.35米和1.95米。因五味子栽培常需设置架杆等，架线承重较葡萄等为轻，为节省成本，架线可采用较细的10号或12号钢线。设架线时先把架线按相应高度固定于篱架行的一端，然后将架线设置在行的另一端，用紧线器拉紧，并固定于边柱上。架线与中柱的交叉点用12号铁线固定。

4. 苗木定植及当年管理　五味子的成品苗定植可采取秋栽或春季栽植，秋栽在土壤封冻前进行，春栽可在地表以下50厘米深土层化透后进行。

苗木经过冬季贮藏或从外地运输，常出现含水量不足的情况。为了有利于苗木的萌芽和发根，用清水把全株浸泡12～24小时。定植前需对苗木进行定干，在主干上剪留4～5个饱满芽，并剪除地下横走茎。剪除病腐根系及回缩过长根系。

把选好的苗木放入定植穴中央，根系向四周舒展开，把土打碎埋到根上，轻轻抖动，使根系与土壤密接。土填平踩实后，围绕苗木做一个直径50厘米的圆形水盘，或做成宽50厘米的灌水沟，灌透水。水渗下后，将作水盘的土埂耙平。秋栽的苗木入冬前在小苗上培20～30厘米的厚土，把苗木全部覆盖在土中，开春后再把土堆扒开。春栽时待水渗完后也应进行覆土，以防树盘土壤干裂跑墒。目前生产上常用的株行距有1.2米×0.3米、

1.2 米×0.5 米、1.4 米×0.5 米、1.5 米×0.5 米、2.0 米×0.5 米、2.0 米×0.75 米、2.0 米×1.0 米等多种方式。

二、架式

五味子是一种多年生蔓性植物，枝蔓细长而柔软。设立支架可使植株保持一定的树形，枝、叶能够在空间合理的分布，以获得充足的光照和良好的通风条件，并便于在园内进行一系列的田间管理作业。可根据当地的自然条件、栽培条件、品种特点和农业生产条件等来选择良好的架式。目前五味子的架式主要以单壁篱架为主。

1. 单壁篱架 单壁篱架又称单篱架，架的高度一般 1.5～2.2 米，可根据气候、土壤、品种特性、整枝形式等加以伸缩，架高超过 1.8 米的单篱架称为高单篱架。架柱上每隔 40～80 厘米拉一道铁线，铁线上绑缚架杆，供五味子主蔓攀附缠绕。单篱架的主要优点是适于密植，利于早期丰产。如辽宁省部分地区的生产者利用 2.0 米高的单篱架，采用行距 1.2 米、株距 0.3 米的栽植密度，三年生的五味子植株 667 米^2 产五味子干品达到 450 千克。行距较为合理的篱架光照和通风条件好，各项操作如病虫害防治、夏季修剪等

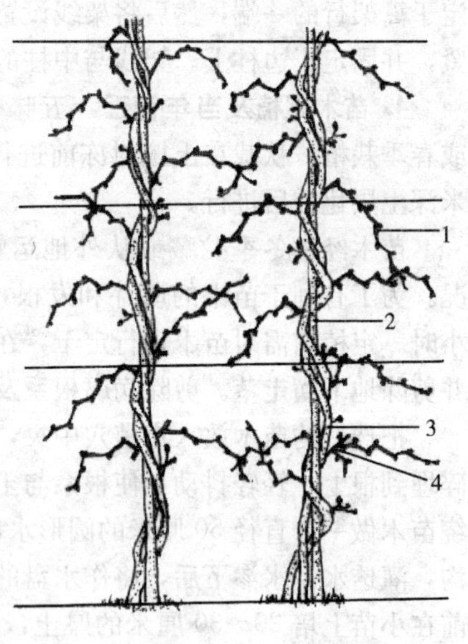

图 5-1 五味子单壁篱架

1. 侧枝 2. 支持物 3. 主蔓 4. 结果枝组

特别是机械化作业方便。但如果栽植密度过大、架面过高，园内枝叶过于郁闭，多年生植株的下部常不能形成较好的枝条，以至于1米以下光秃，不能正常结果，因此应注意合理密植，或适当降低架面高度，来保障合理利用光照和空气条件。

2. 小棚架　小棚架是近年来新兴的一种架式，其特点是光能利用率高，树体的负载量大（图5-2）。一般采用1.5～2.0米的行距，0.5～1.0米的株距，株距为1.0米时可选留两组主蔓。冬季修剪时根据情况每组主蔓选留结果母枝15～20个。

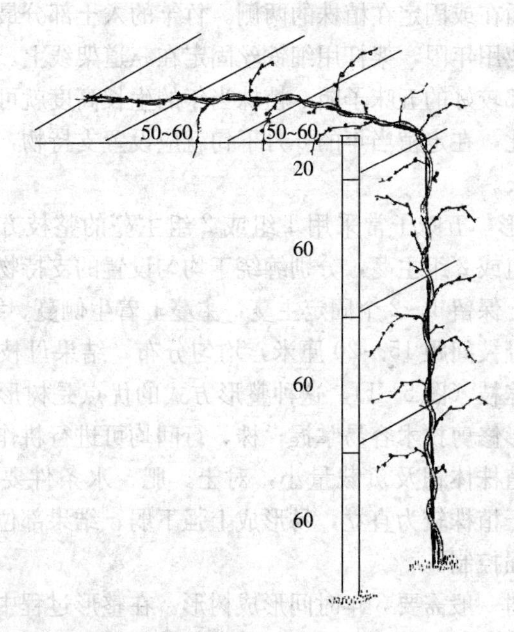

图5-2　五味子小棚架（单位：厘米）

三、整形修剪

五味子枝蔓柔软不能直立，需依附支持物缠绕向上生长。因此，它的整形工作包括设立支持物和修剪两项任务。

1. 设置支持物 五味子在定植的当年生长量大小存在较大差异，株高一般只能达到50～60厘米，经平茬修剪，第二年平均生长高度可达150厘米以上，第三年可布满架面。在第二年春季（5月上中旬）设立支持物。支持物可采用架杆和防晒聚乙烯绳。架杆常选用竹竿，竹竿长2.0～2.2米，上头直径1.5～2.0厘米。防晒聚乙烯绳采用3根线×15根线的粗度较为适宜，上端固定于上部第一道铁线。根据株距每株1～2根，株距<50厘米时每株可设1根，置于植株旁5厘米左右；>50厘米时每株2根，均匀插在或固定在植株的两侧。竹竿的入土部分最好涂上沥青以延长使用年限，架杆用细铁丝固定在三道架线上。在苗木质量和管理都较好的五味子园，植株当年的生长高度就可达到2米左右，因此，在定植当年的5月下旬就应设置支持物，以利于植株迅速生长。

2. 整形 五味子常采用1组或2组主蔓的整枝方式，即每株选留1组或2组主蔓，分别缠绕于均匀设置的支持物上；在每个支持物上保留1～2个固定主蔓，主蔓上着生侧蔓、结果母枝；每个结果母枝间距15～20厘米，均匀分布，结果母枝上着生结果枝及营养枝（图5-1）。这种整形方式的优点是树形结构比较简单，整形修剪技术容易掌握；株、行间均可进行耕作，便于防除杂草；植株体积及负载量小，对土、肥、水条件要求较不严格。但由于植株较为直立，易形成上强下弱、结果部位上移的情况，需加强控制。

每株树一般需要3年时间形成树形。在整形过程中，需要特别注意主蔓的选留，要选择生长势强、生长充实、芽眼饱满的枝条作主蔓。要严格控制每组主蔓的数量，主蔓数量过多会造成树体衰弱、枝组保留混乱等不良后果。

3. 修剪

（1）休眠期修剪。冬季修剪也称休眠期修剪。五味子可供修剪的时期较长，从植株进入休眠后2～3周至第二年伤流开始之前1个月均可进行修剪。在我国东北地区，五味子冬季修剪以在3月中下旬完成为宜。

一般从新梢基部的明显芽眼算起剪留1～4个芽为短梢修剪，其中剪留1～2个芽或只留基芽的称超短梢修剪；留5～7个芽为中梢修剪；留8个芽以上为长梢修剪；留15个芽以上的称超长梢修剪。五味子以中、长梢修剪为主，在同一株树上还应根据实际情况进行长、中、短梢配合修剪。修剪时，剪口离芽眼1.5～2.0厘米，离地面30厘米架面内不留枝。在枝蔓未布满架面时，对主蔓延长枝只剪去未成熟部分。对侧蔓的修剪以中、长梢为主，间距为15～20厘米。叶丛枝可进行适度疏剪或不剪。为了促进基芽的萌发，以利于培养预备枝，也可进行短梢或超短梢修剪（留1～3个芽）。对上一年剪留的中、长枝（结果母枝）要及时回缩，只在基部保留一个叶丛枝或中、长枝；为适当增加留芽量，可剪留结果枝组，即在侧枝上剪留2个或2个以上的结果单位（图5-3）。

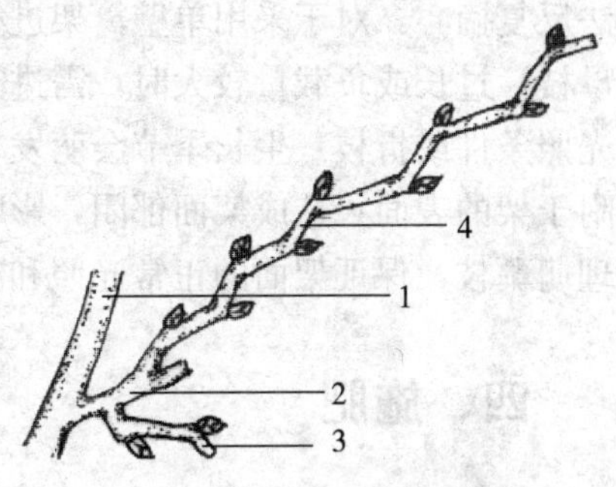

图5-3 五味子结果枝组

1. 主蔓 2. 侧蔓 3. 短梢 4. 长梢

上一年的延长枝是结果的主要部分，因结果较多，其上多数节位已形成叶丛枝，因此修剪时要在下部找到可以替代的健壮枝条进行更新。当发现某一主蔓衰老或结果部位过度上移而下部秃裸时，应从植株基部选留健壮的萌蘖枝进行更新。进入成龄后，在主、侧枝的交叉处，往往有芽体较大、发育良好的基芽，这种芽大多能抽生健壮的枝条，这为更新侧枝创造了良好条件，应有效利用。

（2）生长季修剪。花期修剪：由于五味子为雌雄同株单性花植物，其雌花的数量是决定产量的主要因素。在五味子冬季修剪时，由于无法判别雌花分化的状况，为保证产量，常多剪留一部分中长枝。多剪留的枝条如不加处理，往往造成负载量过大或架面过于郁闭，不利于果实的正常生长和花芽分化。因此，在五味子的花期需根据着花情况，对植株进行进一步的修剪。对于花芽分化质量好、雌花分化比率高的植株，可根据中长枝剪留原则，去掉多余枝条；对于花芽分化质量差、雌花分化比率低的植株需做到逢雌花必保，但对于都是雄花的中长枝，应进行回缩，使新发出的新梢尽量靠近主蔓，防止结果部位外移，以利于植株的通风、透光，保证下一年能够分化出足够数量的优良雌花芽。

夏季修剪：在植株幼龄期要及时把选留的主蔓引缚到竹竿上促使其向上生长，侧蔓上抽生的新梢原则上不用绑缚，若生长过长的可在新梢开始螺旋缠绕处摘心，以后萌发的副梢亦可采用此法反复摘心。对于采用单壁篱架进行栽培的植株，其侧蔓（结果母枝）过长或负载量较大时，需进行引缚，以免影响下部枝叶的光照条件或折枝。生长季节会萌发较多的萌蘖枝，萌蘖枝主要攀附于架的表面，造成架面郁闭，影响通风透光，因此必须及时清理萌蘖枝，保证架面的正常光照和减少营养竞争。

四、施肥

1. 秋施肥　每667米^{2}施农家肥3～5米^3。从一年生园开始，在架面两侧距植株0.5米处隔年进行，以后依次轮流在前次施肥的外缘向外开沟施肥。沟宽0.4米、深0.3～0.4米，施肥后填土覆平，直至全园遍施农家肥为止。

2. 追肥　每年追肥2次。第一次在萌芽期（5月初）追速效性氮肥及钾肥，第二次在植株生长中期（8月上旬）追施速效性磷、钾肥。随着树体的扩大，肥料用量逐年增加，硝酸铵每株25～100克，过磷酸钙每株200～400克，硫酸钾每株10～25克。

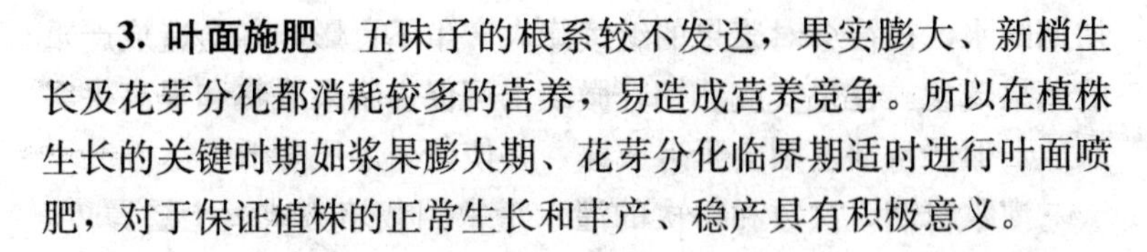

3. 叶面施肥 五味子的根系较不发达，果实膨大、新梢生长及花芽分化都消耗较多的营养，易造成营养竞争。所以在植株生长的关键时期如浆果膨大期、花芽分化临界期适时进行叶面喷肥，对于保证植株的正常生长和丰产、稳产具有积极意义。

五、除草

1. 杂草种类 调查结果表明，对五味子为害较重的杂草有稗草、马唐、苋菜、藜、问荆、狗尾草、看麦娘等，其中以马唐、鸭跖草、藜为害特别严重。

2. 人工除草 五味子园杂草的常规防除可结合园地的中耕同时进行，每年要进行4～5次。中耕深度10厘米左右，使土壤疏松透气性好，并且起到抗旱保水作用。除草是避免养分流失、保证植株正常生长的重要手段。在除草过程中不要伤根，尤其不能伤及地上主蔓，一旦损伤极易引起根腐病的发生，造成植株死亡。

3. 化学除草 传统的手工除草费工费力，使用除草剂能有效提高生产效率。在充分掌握药性和药剂使用技术的前提下，可采用化学除草。常用的除草剂有精禾草克和百草枯。

六、水分管理

五味子的根系分布较浅，干旱对五味子的生长和开花结果具有较大影响。我国东北地区春季雨量较少，容易出现旱情，对五味子前期生长极为不利。一年中如能根据气候变化和植株需水规律及时进行灌溉，对五味子产量和品质的提高均有极为显著的作用。

五味子在萌芽期、新梢迅速生长期和浆果迅速膨大期对水分的反应最为敏感。生长前期缺水，会造成萌芽不整齐、新梢和叶片短小、坐果率降低，对当年产量有严重影响。在浆果迅速膨大初期缺水，往往会对浆果的继续膨大产生不良影响，会造成严重的落果现象。在果实成熟期轻微缺水可促进浆果成熟和提高果实品质，但严重缺水则会延迟成熟，并使浆果品质降低。

灌水时期、次数和每次的灌水量常因栽培方式、土层厚度、土壤性质、气候条件等有所不同，应根据当地的具体情况灵活掌握。

东北各省 7～8 月份正值雨季，雨多而集中，在山地的五味子园应做好水土保持工作并注意排水。平地五味子园更要安排好排水工作，以免因涝而使植株受害或因湿度过大造成病害大肆蔓延。

在地下水位高、地势低洼的地方，可在园内每隔 25～50 米挖深 0.5～1.0 米的排水沟进行排水，在山地的排水沟最好能通向蓄水池（或水库），作为干旱时灌溉之用。

七、疏除萌蘖及地下横走茎

五味子地下横走茎是进行无性繁殖的重要器官。地下横走茎每年的生长量特别大，而且会发生大量的萌蘖，不仅会造成较大的营养竞争和浪费，而且由于其生长势较强，攀附于篱架的表面，还会造成架面光照条件的恶化，所以每年都要进行清除地下横走茎和去除萌蘖的作业。

五味子的地下横走茎分布较浅，主要集中于地表以下 5～15 厘米深的土层内，较易去除。去除时期为五味子落叶后至封冻前或伤流停止后的萌芽期。去除横走茎时，由于五味子根系分布较浅，应注意保护根系。由于五味子地下横走茎上具有不定根，从母体上切断后仍可继续生长形成新植株，所以必须彻底从地下取出，以免给以后的作业造成麻烦。

在每年的生长季节，五味子的地下横走茎都会产生大量的萌蘖，去除萌蘖的时期应视具体情况而定，做到随时发现随时去除，以利于五味子的正常生长和便于架面的管理。在去除萌蘖

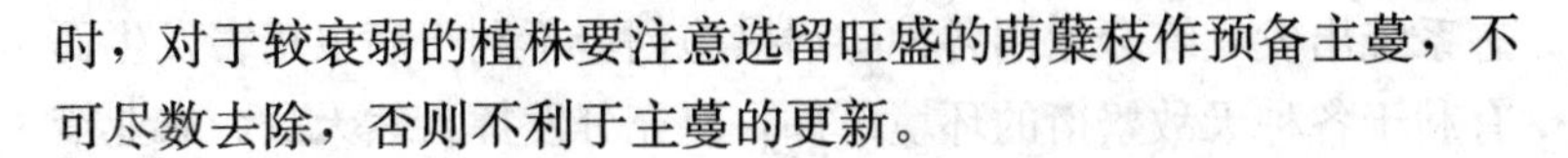

时，对于较衰弱的植株要注意选留旺盛的萌蘖枝作预备主蔓，不可尽数去除，否则不利于主蔓的更新。

第六节　蓝　靛　果

一、建园

蓝果忍冬建园要选择无污染的生态环境，基地附近没有造成污染源的工矿企业，果园河流或地下水的上游无排放有毒有害物质的工厂，土壤不含天然有害物质，果园距主干公路50米以上。建园前请环保部门对基地附近的大气、灌溉水和土壤进行检测，有害物质含量不得超过国家规定标准。

二、制定生产技术规程

1. 要因地制宜采用最先进的技术，可操作性强　根据不同树种的品种特性，结合本地果园的自然条件，制定切实可行的操作规程，从立地条件、品种和苗木的选择，到建园定植、土肥水管理、整形修剪、花果管理和病虫草害防治，直至果品包装贮运都应有严格的要求。

2. 各项技术措施要符合无公害的要求　在制定各项技术措施时要符合无公害的要求，特别是喷药、施肥等关键技术，必须符合有关标准，国家明文禁用的、成分不明的以及未经国家批准生产的农药、肥料、植物生长调节剂等均不能使用。

三、防治病虫害

目的是把农药残留减少到最低。生产无公害蓝果忍冬应不用或少用农药，因此，果园病虫害防治应从果树—病虫草等整个生态系统出发，综合运用各种防治措施创造不利于病虫草害发生而有利于各种天敌繁衍的环境条件，要充分发挥自然天敌、农业措施和抗性寄主的作用，只是在必要时才选用低毒、低残留的农药。通过综合治理，有效地把病虫害控制在经济允许水平以下，把果品农药残留量控制在国家规定的安全标准以下。

1. 保护和利用天敌 许多害虫有自己的天敌，如食蚜蝇、草蛉、七星瓢虫等以蚜虫为食。为充分发挥自然天敌的作用，可于初冬采集被寄生的卵块，保护越冬或人工繁殖饲养，在害虫大发生前释放到果园。严格控制用药种类，选用生物农药，在天敌大量繁殖时不用药或少用药，以保护天敌，利用天敌控制害虫。

2. 农业措施 结合冬剪，清除病虫枝、病果、粗翘皮，扫除地表枯枝落叶，集中烧毁或深埋，减少病虫源；早春覆盖地膜；果实套袋；加强土肥水综合管理，合理修剪，通风透光，增强树势，提高树体抗病力。

3. 选择抗性品种，发挥砧木的抗病虫作用 优良的抗病品种可以增强植株的抗病虫能力，要根据当地的生态环境，栽植抗病优良品种。

4. 强化预测预报，掌握病虫发生规律，抓关键期及早防治，不盲目打保险药 合理选择用药，大力推广无公害生物农药，选用高效、低毒、低残留农药。除按绿色食品标准选择农药品种外，还要严格控制农药用量，应在有效浓度范围内，尽量用低浓度防治，喷药次数要根据药剂的残效期和病虫害发生程度而定。不要随意提高用药浓度和次数，要从改进施药方法和喷药质量方面提高防治效果。严格执行农药安全间隔期，一般要求在采果前2天停止喷药。

四、施肥

施肥的原则是：无论施用何种肥料，均不能造成对环境和果品的污染，不使果品中的有害物质残留影响人体健康。果树施肥应抓好三点：①推行测土配方施肥，并认真执行中国绿色食品发展中心制定的肥料施用准则。②通过间作绿肥、果园压草、秸秆还田、增施农家肥等，使果园土壤有机质含量达到2%以上。③合理施用化肥，限制使用城市垃圾肥料。化肥要与有机肥配合施用，有机氮和无机氮的比例以1∶1为宜。注意果树最后一次追肥必须距采收前30天以上。

五、果品采摘及采后管理

按照市场的需求，在果实品质最佳期采收。果实贮藏或外销前要严格按标准分级，所有包装物均应清洁、无毒、无异味。果品贮藏期不许使用化学药品保鲜，应放在专用的气调库、恒温库内贮藏，库内要通风，保持清洁卫生。运果品的工具要清洁，不能与有毒有害物品混装，以防止果品二次污染。

第七节 软枣猕猴桃

一、建园

1. 园地选择 软枣猕猴桃适宜在亚高山区（海拔800～1 400米）种植，如在低山、丘陵或平原栽培软枣猕猴桃时，则必须具备适当的排灌设施，保证雨季不受渍，旱季能及时灌溉。这是软枣猕猴桃栽培能否取得较好经济效益的关键。宜选择气候温和，光照充足，雨量充沛，而且在生长季节降水较均匀，空气湿度较大，无旱、晚霜害或冻害的区域。土壤以深厚肥沃，透气性好，地下水位在1米以下，有机质含量高，pH 7左右或微酸性的沙质壤土为宜。

果品以鲜销为主的，要靠近市场、交通便利。同时对消费群体的爱好及其他果品来源渠道做深入调查，以便确定主栽品种和栽培面积。

2. 小区设施的安排 为便于果园的耕作管理，应根据地形和面积划分若干小区。合理考虑排灌渠道和防风林带的设置，以及主干道和田间支路的安排。软枣猕猴桃园的主干道宽度要求一般为6～8米，支路4米，小路2米。在坡地的果园最好开辟纵横各两条主干道，与梯田平行的路，向内侧倾斜约0.1%的比降。此外还应考虑田间附属设施的布置（如工作间、农具室、堆肥积肥场地等）。为了便于管理，小区不宜过大，一般为0.67～1.00公顷。

建园时，需要设置排水灌溉系统。在低山、丘陵或平原地区，排灌系统是否完善，常直接关系到软枣猕猴桃生产效益的高低。地势平坦的地方建软枣猕猴桃园，要在园外围设置深达1.2～1.5米的排水渠道。一般以能排出园内土层中达1米深处的渍水为原则。园内的排水干渠的坡壁应用石块垒砌或用红砖水泥砌成，以保其坚固耐用。小区内都要有1～2条排水支渠（深宽各70厘米）与围沟相通。沿行带一侧或两侧还应开挖深、宽各40厘米的排水浅沟。在丘陵或山地建园灌渠一般设置在果园的上方，其主干渠与拦洪渠结合修建，小区内的支灌渠也可与排水渠结合。梯田果园应在梯坡内侧开排、贮水渠（沟）。

考虑到灌溉效率和节约用水等问题，采用全园微喷灌或滴灌技术，能达到较好的灌溉效果。在节约用水的同时，又不破坏土壤结构。丘陵山区采用喷灌和滴灌的方法，须在果园的上方建有相配套的水塔等贮水设施。

3. 苗木定植 软枣猕猴桃定植时期有两个，秋季落叶后定植和早春发芽前定植。秋后定植的软枣猕猴桃，成活率较高，次年生长较旺。定植距离，一般行距4～6米，株距2～3米，根据品种的生长势，也可将株距适当加大或减小；根据架式或梯田面的宽度，行距可宽可窄。

二、土壤管理

在建园初期应有计划的逐年进行深翻扩穴，直到全园深翻，诱导根部分布广而深，提高软枣猕猴桃抗旱和适应不良环境的能力，增进树体营养积累，保证果实品质与产量。深翻一般要与施肥结合，特别是大量施入有机肥。深翻提倡在采果后进行。

在夏季高温干旱季节，利用园内杂草、落叶覆盖土壤，能有效地防止土壤水分蒸发，保持土壤湿度，降低土温，改善软枣猕猴桃的根际环境，同时有利于根系生长，减轻高温干旱的影响。对防止夏季软枣猕猴桃叶片焦枯、日灼落果等有重要作用。覆盖物的腐烂可以增加土壤肥力，防止杂草丛生。软枣猕猴桃园的覆盖主要以降温、保墒为目的，因此，覆盖一般要在夏季高温来临前完成。覆盖材料有很多，如秸秆、锯末、糠壳、绿肥、杂草等。要因地制宜，就地取材。可进行树盘覆盖、行带覆盖和全园覆盖。

没有进行覆盖的果园，要注意树盘管理，适时进行树盘培土锄草和中耕。利用园内空间可以间作豆科作物和绿肥，防止杂草生长，充分利用空地和光能，增加收入，改良土壤。

三、施肥

软枣猕猴桃是需肥较多的果树，合理施肥是软枣猕猴桃早果、丰产、稳产与优质的重要前提。

一般在果实采收后施用基肥，以农家肥为主，每株施有机肥料 50 千克左右，在有机肥料中可混入 1.5 千克磷肥。施肥方法可用沟施、穴施，施肥后灌水。软枣猕猴桃在日常生长期中，要适时追肥，一般以施速效氮肥为主。幼树期配以速效磷肥、速效钾肥，促进幼树快速成型、上架。进入盛果期的成年树，每年要抓好以下几次追肥：①萌芽前后，先在树体周围松土，然后将肥料撒施于松土上，再深翻入土中。也可以挖环状沟或条状沟施肥。主要追施氮肥，每株施尿素 0.1～0.2 千克。②开花前 15～20 天，每株施复合肥 0.3 千克。花期可喷施叶面肥，用 0.2%磷酸二氢钾加 0.02%硼砂加 0.2%尿素溶液喷施在叶片上。③在果实加速生长前 10 天左右，在 5 月下旬至 6 月上旬，于幼果细胞分裂期至迅速膨大期追施钾肥和磷肥，每株施磷酸二氢钾 0.1～0.2 千克。施后灌水，或趁雨施肥。

四、水分管理

软枣猕猴桃根系分布浅，叶片蒸腾作用旺盛，水分散失快，喜湿润，怕干旱。夏季干旱时期，常发生水分失调，引起叶片焦枯、日灼落果。因此，根据软枣猕猴桃的需水特点，要适时适量灌溉和排水，以保证软枣猕猴桃的蓄水平衡。

对软枣猕猴桃园的水分管理，应根据天气和土壤干旱情况及时灌溉和排水。我国东北地区春季雨量较少，容易出现旱情，对软枣猕猴桃前期生长极为不利，因此在萌芽前、开花前都要灌水，一般 1～2 周 1 次。夏季进入雨季（7～8 月）时要安排好排水工作，避免树体水浸，发生烂根现象。果实采摘后到落叶前要灌一遍水，以保证树体发育、新梢成熟。

五、架式

软枣猕猴桃的枝蔓细长柔软，设立架式可使树体保持一定的树形，使枝叶在空间能够合理的分布，以获得充足的阳光和良好的通风条件，并便于在园中进行一系列的田间管理。

软枣猕猴桃架式很多，大致可分为棚架、篱架、棚篱架三类。有关数据表明，采用棚架栽培软枣猕猴桃，结实率较高、丰产性较好。棚架架式也有很多搭建形式，主要有水平联体大棚

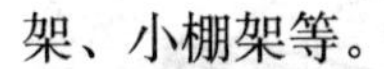

架、小棚架等。

1. 水平联体大棚架　凡是架长或行距超过 6 米以上者称为大棚架。一般架高 1.8～2.0 米，每隔 6 米设一支柱，全小区中的支柱可呈正方形排列。支柱全长 2.4～2.6 米（支柱横截面一般为 10～12 厘米见方），入土 0.6 米。为了稳定整个棚架，保持架面水平，提高其负载能力，边支柱长为 3.0～3.5 米，向外倾斜埋入土中，然后用牵引锚石（或制作的水泥地桩）固定。在支柱上牵拉 8 号铁丝或高强度的防锈铁丝。棚架四周的支柱最好用 6 厘米×6 厘米的三角铁或钢筋连接起来，然后在横梁或粗铁丝上，每隔 60 厘米牵拉一道铁丝，形成正方形网格，构成一个平顶棚架（图 5－4）。

其主要优点：架面大，通风透光条件好，能够充分发挥软枣猕猴桃的生长能力，产量高，品质好。水平棚架还有利于利用各种复杂地形，特别适合于管理精细的小规模果园。但是，建架投资大，整形时间长，进入盛果期晚，不易枝蔓更新以及管理不便等，是这种架式的主要缺点。

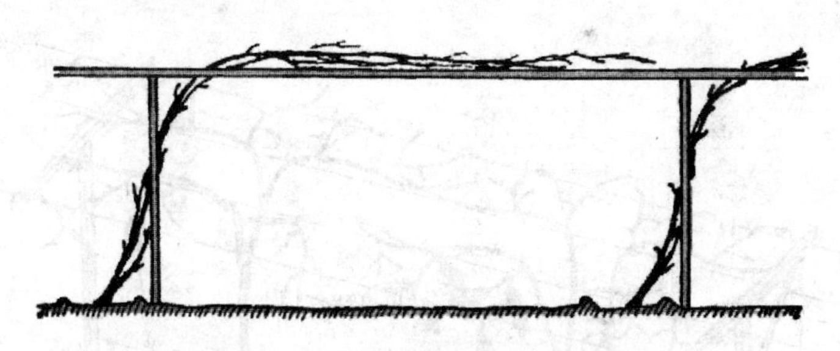

图 5－4　水平联体大棚架（单侧整形）

2. 小棚架　架长或行距在 6 米以下的称为小棚架。生产中小棚架的结构与栽植方式变化甚多。一般每隔 3～4 米见方设一根立柱，顺着主蔓延伸的方向架设横梁（铁线），在横梁上每隔 40～50 厘米拉一道铁丝。先在行的两端设锚石，将横梁及边柱固定，然后用 U 形钉或其他方法将铁丝固定在横梁线上（图 5－5）。

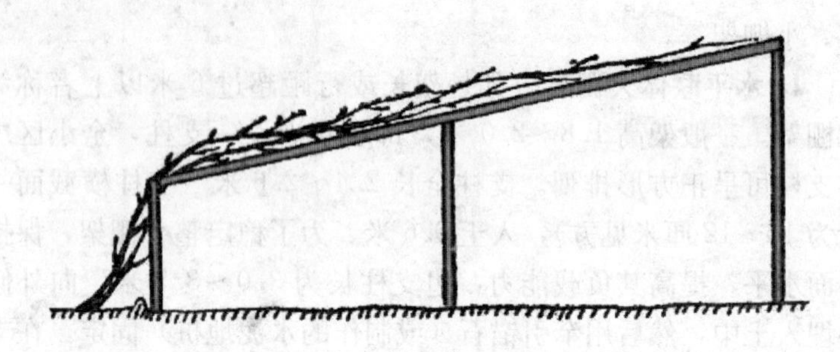

图 5-5　斜面小棚架

3. T 形架　T 形架是在直立支柱的顶部设置一水平横架（梁），构成形似 T 字的小支架，架面较水平大棚架小，故称 T 形小棚架。一般架高为 2 米，横梁长 1.5～2.0 米，沿软枣猕猴桃栽植行的方向每隔 6 米立一 T 形支架。支柱全长 2.4～2.6 米（支柱粗度与平顶棚架相同）。入土 60 厘米，地上部净高 2 米，定植带两端的支柱用牵引锚石固定。在支架横梁上牵拉 3～4 道 12 号高强度防锈铁丝，构成一形似 T 字的小棚架。T 形小棚架的株行距一般为 2.5 米×4 米（图 5-6）。

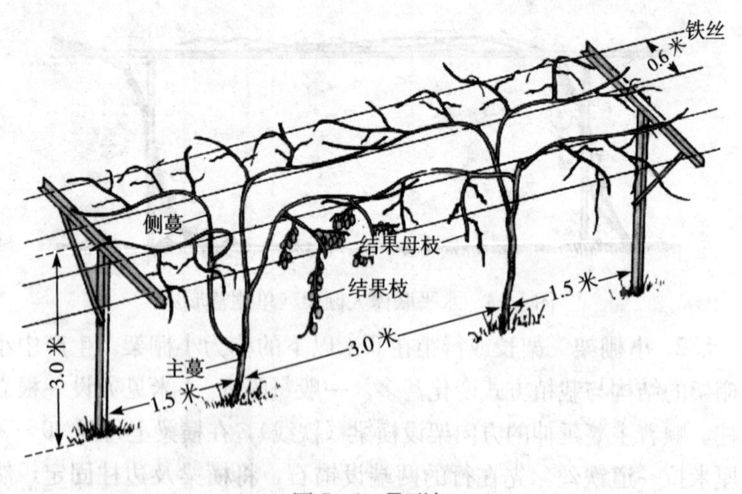

图 5-6　T 形架

T形架是一种比较理想的架式，目前被广泛应用。这种架式建架容易，投资少，可以密植栽培，而且便于整形修剪以及采收等田间管理。其缺点是，抗风能力差，果实品质不一致。在强风较少的缓坡地的软枣猕猴桃园，适宜采用这种架式。

4. 棚篱架　棚篱架是棚架和篱架的结合形式，即在同一架上兼有棚架（水平大棚架或T形小棚架）和篱架两种架面，使软枣猕猴桃的枝蔓在两种架面上分布。这种架式的特点是，能够经济地利用土地和空间，植株可以早结果和立体结果。软枣猕猴桃栽植后，先采用篱架，以利于提早结果，以后再发展成棚篱架，充分利用空间，迅速提高产量。

当篱架已经没有利用价值时，再将篱棚架改造成棚架。在实际应用中，要特别注意整形和修剪，严格控制枝梢的生长，保证架面通风透光良好，否则，不能达到良好的栽培效果。

六、整形

软枣猕猴桃植株整形的目的，是为了使枝蔓合理地分布于架面上，充分利用空间，使其保持旺盛生长和高度的结实能力，并使果实达到应有的大小和品质、风味。不同树龄的软枣猕猴桃，有其不同的生长发育特点，必须依据其生长发育规律，进行合理的整形修剪，才能充分发挥其结果能力，达到高产、高效的目标。软枣猕猴桃的生长结果习性与葡萄极为相似，因此丰富的葡萄整形方式为软枣猕猴桃整形提供了许多有用的借鉴。软枣猕猴桃的生长势较强，采用棚架栽培，丰产性比篱架要好。

（一）棚架的整形

这种架式是使用最广泛的一种。其优点是果实吊在架面的下方，有较多叶片保护，避免了阳光直射，灼果现象少。同时由于这种架式结构牢固，抗风能力强，枝蔓和叶片均匀布满架面，架下光照弱，杂草难于生长，可减少除草剂等农药的施用，节省劳力。

苗木定植后第一年，选择一条直立向上生长的健壮新梢作为主干。植株主干高达1.5米左右，当新梢生长至架面时，在架面下10～15厘米处将主干摘心或短截，使其分生3～5个大枝，作永久性主蔓。分别将这些大枝引向架面一侧、两端或东、南、西、北4个不同方位。在主蔓上每隔40～50厘米留一结果母枝，左右错开分布，翌年在结果母枝上每隔30厘米左右均匀选留结果枝。结果枝即可开花结果。水平棚架经过4～6年时间，可基本完成整形任务。

（二）T形架的整形

这种架式在部分软枣猕猴桃产区应用较多。其优点是便于田间管理，通风透光条件好，并有利于蜜蜂等昆虫的传粉活动，增进果实品质，促进果实膨大。

苗木定植后第一年选择主干，在主干高1.7米左右，新梢超过架面10厘米时，对主干进行摘心，促进新梢健壮生长，芽体饱满。摘心后常常在主干的顶端抽发3～4条新梢，可从中选择两条沿中心铁丝左右生长的健壮新梢作主蔓，其余的疏除。当主蔓长到40厘米时，绑缚于中心铁丝上，使两条主蔓在架面上呈Y形分布。随着主蔓的生长，每隔40～50厘米选留一结果母枝，在结果母枝上每隔30厘米选留一结果枝。结果母枝的生长超过横梁最外一道铁丝时，也任其自然下垂生长。T形架经过4～5年的时间可基本完成整形任务。

（三）篱架的整形

软枣猕猴桃篱架整形的形式有很多，生产上主要以多主蔓扇形和水平整形两类。多主蔓扇形要求自地面伸出3～5个主蔓，各主蔓在架面上呈扇形分布，主侧蔓交错排列。多主蔓扇形的主要优点是，主侧蔓较多，容易成形，修剪灵活，便于更新。但这种树形，枝蔓多斜向生长，“极性”表现强，因而常造成通风透光不良，影响产量和品质。水平整形法，要求主蔓健壮并且保持顺直生长，主蔓与主蔓、侧蔓与侧蔓之间要保持均衡。水平整形，造形容易，修剪有规律，操作简便、省工，骨架牢固，主蔓较少，通风透光条件好。但这种树形如果管理不当，主蔓基部容易光秃，结果部位也容易上升或外移。因此整形修剪时，要特别注意对主蔓及结果母枝的更新复壮。

七、修剪

软枣猕猴桃在整形任务基本完成后，应通过合理的修剪维持良好的树形。整形和修剪是相互关联的两项操作技术。修剪必须在整形的基础上完成，整形又必须依靠修剪来实现。整形修剪时，应根据不同年龄时期的生长发育特点有所侧重。一般整形在幼树阶段进行，而修剪则用于树体生长的一生。

软枣猕猴桃的生长势很强，枝长叶大，极易抽生副梢，形成徒长枝，因此必须进行修剪。猕猴桃的修剪分为冬季修剪和夏季修剪两个阶段。

（一）软枣猕猴桃枝芽的类别

软枣猕猴桃的枝条（茎）又可称为蔓。由于着生部位和性质不同，可分为主干、主蔓、侧蔓、结果母枝、结果枝、新梢等。其芽可分为冬芽、夏芽和潜伏芽。软枣猕猴桃的修剪就是要控制侧蔓、结果枝、营养枝等的比例合理，使其结果均衡

1. 主干 有主干整形的植株，从地面到分枝处为主干。

2. 主蔓 从主干上分生出来的大枝蔓。

3. 侧蔓 从主蔓上分生出来的蔓。

4. 结果母枝 当年抽生的新梢，秋后发育成熟，已木质化，

枝表皮呈褐色，已有混合芽，到翌年春可抽生结果枝的称结果母枝。

5. 结果枝 春季从结果母枝上萌发的新枝中，有花序者称结果枝。

6. 营养枝 抽生的枝蔓中，无花序者称营养枝。

7. 新梢 当年抽生的新枝称为新梢，是由节部和节间组成。节间较节部细，长短因品种和生长势而异。

8. 徒长枝 生长直立粗壮、节间长、芽瘪、组织不充实的枝条。

9. 冬芽 当年形成后，须越冬至翌年才能萌发的称为冬芽。

10. 夏芽 当年形成的芽当年即可萌发抽枝的称为夏芽。

11. 潜伏芽 软枣猕猴桃有些冬芽越冬后不萌发，若干年才萌发，即植株受到损害或修剪刺激时才萌发为新梢的称潜伏芽。一般用作衰老树（枝条）的更新。

（二）软枣猕猴桃冬季修剪

冬季落叶后两周至早春枝蔓伤流开始前两周进行冬季修剪，过迟修剪容易引起伤流，危害树体。冬季修剪主要考虑3个方面：单株留芽量、结果母枝修剪长度、枝蔓更新。

1. 留芽量 软枣猕猴桃单株留芽量与品种、整枝形式、架面大小、植株强弱、管理水平有关。单株留芽量可用以下公式计算：

$$\text{单株留芽量}=\frac{\text{单株预定产量（千克）}}{\text{萌芽率（成枝率\%）}\times\text{果枝率（\%）}\times\text{每果枝果数}\times\text{平均果重（千克）}}$$

公式中的萌芽率、果枝率、每果枝果数和平均果重经2～3年观察即可得到。

2. 修剪长度 修剪长度主要指结果母枝而言，一般情况，强旺的结果母枝应轻剪多留芽，细弱的结果母枝应适当重剪少留芽。

在幼树阶段，由于枝梢较少，结果母枝可适当长留；棚架整形的，架面较大，结果母枝也可长留。老年树由于树势较弱，结果母枝一般重短截。T形小棚架或篱架栽培的树，架面较小，结果母枝也可短剪。为了布满架面和扩大结果部位，要轻剪长留枝。为了防止结果部位前移，则应重剪。对发育枝一般留10节以上剪截。根据不同类型结果枝，在结果部位以上进行不同程度剪截。对徒长性结果枝，在其结果部位以上留5～6芽短截。如着生位置适当，全树结果母枝又较少时，也可留7～10芽短截。对长、中、短果枝，一般在其结果部位以上留4～5芽短截。短缩果枝短截后容易枯死，一般不进行短截。

3. 枝蔓更新

（1）*结果母枝更新*。软枣猕猴桃结果部位容易上升或外移，需要及时更新。如果母枝基部有生长充实健壮的结果枝或发育枝，可将结果母枝回缩到健壮部位。若结果母枝生长过弱或其上分枝过高，冬季修剪时，应将其从基部潜伏芽处剪掉，促使潜伏芽萌发，选择一个健壮的新梢作为明年的结果母枝。通常每年对全树1/3左右的结果母枝进行更新。对已结过果的枝条一般2～3年更新一次。

（2）*多年生枝蔓更新*。分局部更新和全株更新。局部更新就是把部分衰老的和结果能力下降的枝蔓剪掉，促使发出新的枝蔓，这种更新对产量影响不大。全株更新就是当全株失去结果能力时，将老蔓从基部一次剪掉，利用新发出的萌蘖枝，重新整形。

冬季修剪时，还要剪除枯枝、病虫枝、细弱枝和无用的副梢及徒长枝等。当结果母枝不足时，也可利用副梢作为结果母枝。

（三）软枣猕猴桃的夏季修剪

软枣猕猴桃新梢生长相当旺盛，而且新梢上容易发出副梢，加之叶片较大，常常造成枝条过于茂盛和密集，因此需要夏季修剪。

1. 抹芽　抹除位置不当或过密的、不必要的芽，一般在芽刚萌动时进行。

2. 摘心　在开花前后对生长旺盛的结果枝进行摘心。对生长旺盛的发育枝也要摘心，促进枝条充实、健旺。生长旺盛的结果枝从花序以上 6～7 节处摘心；生长较弱的结果枝一般不进行摘心。发育枝从 10～12 节处摘心。摘心后在新梢的顶端只留一个副梢，其余的全部抹除，对保留的一个副梢，每次留 2～3 片叶反复摘心。

3. 疏枝　当新梢长到 20 厘米以上，能够辨认花序时进行，疏除过多的发育枝、细弱的结果枝以及病虫枝。

4. 疏果　根据当年一树上挂果多少，决定疏果或不疏果。如果挂果多、果实小、品质差，就需要疏去小果、畸形果、过密果。

5. 绑蔓　将结果母枝和结果枝均匀地绑缚在架面上。

第六章

小浆果病虫害防治

第一节　蓝莓主要病虫害及其防治技术

蓝莓是我国近年来新兴的产业，随着其栽培面积的不断扩大，其病害也呈现加重的趋势。调查发现，蓝莓主要病害有僵果病、根癌病、灰霉病。常见虫害有鞘翅目金龟子类等。

一、僵果病

蓝莓僵果病病原菌为［*Monilinia vaccinii-corymbosi* (Reade) Honey］，属子囊菌亚门，链核盘菌属真菌。该病主要为害生长的幼嫩枝条和果实，导致幼嫩枝条死亡，进而影响蓝莓产量。果实形成初期，受害果实外观无异常，切开果实后可见白色海绵状病菌。随着果实的成熟，与正常果实绿色蜡质的表面相比，被侵染的果实呈浅红色或黄褐色表皮软化。病果在健康果实收获前大量脱落。防治方法：①入冬前清除果园内落叶、落果，烧毁或埋入地下，可有效降低僵果病的发生。②春季开花前浅耕和土壤施用尿素均有助于减轻病害的发生。③使用药剂可以根据不同的发生阶段，使用不同的药剂。早春喷施50%的尿素，可以控制僵果的最初阶段，开花前喷施50%速克灵可以控制生长季发病，或选用50%腐霉利1 000～1 200倍液、70%代森锰锌可湿性粉剂500倍液、70%甲基托布津1 000倍液、50%多菌灵1 000倍液；40%菌核净1 500～2 000倍液均可起到较好效果。

二、根癌病

病原为根癌土壤杆菌［*Agrobacterium tumefaciens*（Smith et Townsend）Conn.］是一种杆状细菌，革兰氏染色阴性，不产生孢芽，依靠1～6个鞭毛运动，菌落一般为白色至奶油色，凸起，有光泽，全缘。根癌病发生后影响植株根部吸收养分，造成植株营养不良，发育受阻。此病主要发生在1年生枝条，在结果枝上不常发生。5月下旬发生较为严重，进入生长旺季之后随着植株的根系发育，根系抗性增加，根癌病发展减缓。但是该病病原在土壤中逐年累加，发生会呈逐年加重趋势。防治方法：①选择健壮苗木栽培，应注意剔除病苗。②加强肥水管理：耕作和施肥时，应注意不要伤根，并及时防治地下害虫和咀嚼式口器昆虫及线虫。③挖除病株：发病后要彻底挖除病株，并集中处理，挖除病株后的土壤用10%～20%农用链霉素、1%波尔多液进行土壤消毒。④铲除树上大瘿瘤，伤口进行消毒处理。⑤药剂防治：用0.2%硫酸铜、0.2%～0.5%农用链霉素等灌根，每10～15天1次，连续2～3次。或采用K84菌悬液浸苗或在定植或发病后浇根，均有一定防治效果。

三、灰霉病

蓝莓灰霉病原菌为灰葡萄孢（*Botrytis cinerea* Pers.），属半知菌亚门、丝孢纲、丝孢目、淡色孢科、葡萄孢属真菌。分生孢子梗数根丛生，直立或稍弯，110～294微米×11～14微米，淡褐色，具隔膜，顶端呈1～2分枝，分枝末端膨大，呈棒头状，上密生小梗，聚生大量分生孢子。分生孢子呈卵圆形或椭圆形，无色至淡灰褐色，单细胞，9～13微米×6～9微米。在PDA上培养后长出白色稀疏放射状菌丝体，菌丝体颜色逐渐加深，后期

相互纠集形成球形或不规则形黑色菌核，大小为1.8～5.3毫米×1.3～4.1毫米。病菌以菌核、分生孢子及菌丝体随病残组织在土壤中越冬，翌年春天条件适宜时，菌核即可萌发产生新的分生孢子，新老分生孢子通过气流传播到花序上，在有外渗物作营养的条件下，分生孢子很易萌发，通过伤口、自然孔口及幼嫩组织侵入寄主，实现侵染。果实感染后小浆果破裂流水，变成果浆状腐烂。湿度较小时，病果干缩成灰褐色浆果，经久不落。防治方法：①选用较为抗病品种。②秋冬落叶后彻底清除枯枝、落叶、病果等病残体，集中烧毁处理。③药剂防治可于开花前至见花期和谢花后喷50%速克灵1 500倍液或40%施佳乐800倍液，也可在花前喷50%代森铵500～1 000倍液、50%苯来特可湿性粉剂1 000倍液，或用其他防灰霉病药剂。但果期禁止喷药，以免污染果实，造成农药残留。

四、金龟子

不同地区，侵害蓝莓的金龟类型有小青花金龟、苹毛丽金龟、琉璃弧丽金龟、墨绿彩丽金龟等多种。它们的成虫主要取食花蕾和花，数量多时，常群集在花序上，将花瓣、雄蕊及雌蕊吃光，造成只开花不结果。也可啃食果实，吮吸果汁。防治方法：①农业防治：以防治成虫为主，最好采取联防，即在春、夏季开花期捕杀，必要时在树底下张单振落，集中杀死。②药剂防治：结合防治其他害虫喷药，药剂可选用25%喹硫磷乳油1 000倍液或16%顺丰3号乳油1 500倍液。

第二节　树莓主要病虫害及其防治技术

树莓上发生最为严重的病害是灰霉病以及各种叶斑病。根癌病是一种潜在危险性较高的病害。生理病害大部分与温度、湿度及营养元素失调有关。树莓上常见的虫害有直翅目类、鳞翅目夜蛾类、灯蛾类、螟蛾类、尺蛾类、鞘翅目金龟子类、叶甲类、半翅目蝽类、双翅目蝇类、蜱螨目叶螨类等。其中，为害较重的有金龟子类、款冬螟等鳞翅目害虫。

一、灰霉病

树莓灰霉病原菌为灰葡萄孢（*Botrytis cinerea* Pers.），属半知菌亚门、丝孢纲、丝孢目、淡色孢科、葡萄孢属真菌。果实成熟期最容易感染此病。果实感染后小浆果破裂流水，变成果浆状腐烂。湿度较小时，病果干缩成灰褐色浆果，经久不落。病菌以菌核、分生孢子及菌丝体随病残组织在土壤中越冬。菌核抗逆性很强，越冬以后，翌年春天条件适宜时，菌核即可萌发产生新的分生孢子。分生孢子通过气流传播到花序上，以树莓外渗物作营养分生孢子很易萌发，通过伤口、自然孔口及幼嫩组织侵入寄主，实现初次侵染。侵染发病后又能产生大量的分生孢子进行多次再侵染。防治方法：①秋冬落叶后彻底清除枯枝、落叶、病果等病残体，集中烧毁处理；发现菌核后，应深埋或烧毁。在生长季节摘除病果、病蔓、病叶，及时喷药保护，减少再侵染的机会。②避免阴雨天浇水，加强通风排湿工作，使空气的相对湿度不超过65%，可有效防止和减轻灰霉病。不偏施氮肥，增施磷、钾肥，以提高植株自身的抗病力；注意农事操作卫生。③可于开花前和谢花后喷特立克可湿性粉剂600～800倍液或灰霉特克可湿性粉剂1 000倍液，或用50%速克灵1 000倍液或40%施佳乐800倍液。但果期禁止喷药，以免污染果实，造成农药残留。

二、炭疽病

病原系炭疽菌属真菌（*Colletotrichum* spp.），属半知菌亚门、腔孢纲、黑盘孢目、黑盘孢科、炭疽菌属真菌。侵染叶片，形成白色略微突起的小病斑，边缘紫色，病斑可导致穿孔。该病引起早期落叶。在枝干上可以形成略带紫色褶皱或者稍微隆起的小病斑，之后病斑扩展，形成中心灰白色、边缘紫色的溃疡斑。后期病斑可连成片，严重时引起树皮开裂。此病影响枝条木质化，发病枝条在第一年受到影响不大，病枝越冬后，枝条变细，抗性降低，抗风、抗倒伏能力下降。在树莓上较其他叶斑类病害发生晚，辽宁地区始发于7月中下旬，8月下旬至9月为发病高峰。该病引起早期落叶，在10月中旬，感病叶片脱落，成为翌年初侵染来源。一般密植园、低洼黏土地、排水不良、生长郁闭的树莓园发病较重。

防治方法：①在收获后及时清除病残体，最迟也要在春季生长季来临之前清除，并清除田间杂草。②加强田间通风透湿，降低冠层内湿度，可以降低病害的发生；合理使用肥料，避免植株徒长；避免种植过密，影响植株光合作用和冠层内空气流通；及时除草，加强空气流通。③从果实始熟期，每隔10～15天喷1次80%代森锌800倍液，或等量式200倍波尔多液，或75%百菌清液500～800倍，连喷3～5次，即可控制病害发生。

三、根癌病

同蓝莓的根癌病。

四、款冬螟

款冬螟（*Ostrinia zealis varialis* Breme），属鳞翅目（Lepidoptera）、螟蛾科（Pyralidae）。成虫：雌蛾体长14毫米，翅展30毫米，淡黄色，横贯前后翅距外缘约1/3处，有一条褐色弯曲波状横纹，前翅距内缘约1/3处，亦有一条褐色曲纹，翅展时前后翅波纹连成一线，和玉米螟雌蛾极其相似，放在一起很难区别。防治技术：①对于已经蛀入树莓茎秆的幼虫，用棉球蘸80%敌敌畏乳油1 000倍液，堵住洞口，熏蒸蛀洞内的幼虫效果很好。②频振式杀虫灯诱杀成虫：树莓园地周围每间隔100米放一灯盏。从款冬螟羽化始期开始，即在6月上旬开始至7月上旬结束，开灯期为一个月。天黑开灯，天亮关灯。③产卵盛期前和盛期放赤眼蜂1～2次。放蜂量1.5万头，分2次释放。当越冬代款冬螟化蛹率达20%时，后推10天，时间大约在6月下旬，为第一次放蜂适期，间隔5～7天后放第二次。每公顷放2点。将撕好的蜂卡用针线缝在树莓中部的叶片背面。④产卵期后，人工摘除卵块，减少发生基数，可以直接减轻款冬螟的为害程度。

五、蓟马

蓟马（*Thrips* spp.）属缨翅目（Thysanoptera）、蓟马科（Thripidae）。体长一般多在1～2毫米；也有的种类，体长可达8～10毫米。体细长而扁，或为圆筒形；颜色为黄褐、苍白或黑色，有的若虫红色。无翅种类无单眼。口器锉吸式，上颚口针多不对称。翅狭长，边缘有很多长而整齐的缨状缘毛。足跗节端部有可伸缩的端泡。以成、若虫锉吸树莓成熟果实及嫩芽汁液为害，嫩芽被害部，形成黄白色或灰白色长形斑纹，果实内部带虫，影响果实品质。一年发生代数，随种类、发生区域不同而变化。成虫活泼，怕阳光，可借助风力扩散。进行两性生殖或孤雌生殖，卵产于叶组织内。初孵幼虫具有群居习性，稍大后即分散。2龄若虫后期常转向地下，在表土中度过3～4龄。温暖和较干旱的环境有利其发生为害，高温高湿则不利，暴风雨后虫口显著下降。防治技术：①注意田园清洁，清除杂草及枯枝落叶有助于减少虫源。②管理好肥水，尤应注意小水勤浇，防止土壤干旱，有助于减轻为害。③保护利用天敌，发挥其控制害虫的作

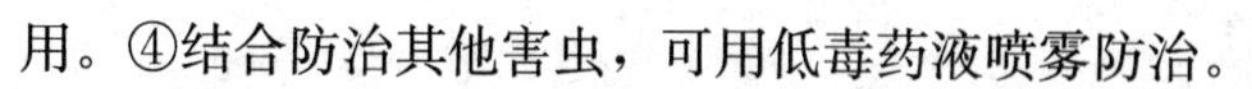

用。④结合防治其他害虫，可用低毒药液喷雾防治。

第三节　穗醋栗和醋栗主要病虫害及其防治技术

穗醋栗主要病害有白粉病、灰斑病、根腐病等。主要虫害有茶藨透羽蛾、蚜虫、螨类。

一、黑穗醋栗白粉病

黑穗醋栗白粉病是由醋栗单丝壳菌［*Sphaerotheca morsuvae*（Schwein）Berrt. et Curt.］引起的茎叶病害。无性阶段分生孢子梗与菌丝垂直着生，基部产生隔膜与菌丝分离，圆柱形，透明，大小为46.9～79.2微米×6.6～10.2微米。黑穗醋栗白粉病主要为害叶片，严重时为害全株，植株感病后叶片皱面覆有一层白色粉状层，一般情况，下部叶片病斑多，后期叶片卷曲。枝条感病后，布满白粉，后期呈现褐色，严重时新梢枯死。后蔓延到果实上，发病早的果实大部分脱落，后期果面出现褐色病斑，失去商品价值。从5月末到6月初开始发病，延续到7月中旬，7月中旬为发病高峰期，以后趋于稳定。黑穗醋栗白粉病的发生因素与气候条件、修剪、品种有密切关系。随着温度的上升，湿度增大，尤其是在雨后病情加重，病菌的适宜温度一般在16～29℃均可生存。黑穗醋栗白粉病与修剪有直接关系，薄皮黑豆品种，修剪的越轻，病害发生越明显。据调查，不修剪的病情指数比修剪的高15％以上。野生类型均抗病，栽培品种中产量越高病害越重。防治方法：白粉病发病初期，使用20％粉锈宁800～1 000倍液。为防止产生抗药性，提高防效，可交替使用甲基托布津、复方多菌灵、退菌特、白粉净等，使用浓度为500倍液。

二、醋栗透翅蛾

醋栗透翅蛾即茶藨透羽蛾（*Synanthedon tipuliformis* Clerk），属鳞翅目（Lepidoptera）、透翅蛾科（Sesiidae），是为害黑穗醋栗、红穗醋栗、醋栗的主要害虫。成虫：体被有蓝黑色鳞片，细长的腹部具有黄色的环带，雄蛾腹部4条，雌蛾3条，腹部末端具有黑色毛丛，前翅外缘具深黄色鳞片，中间具有明显的蓝色鳞片的横带。后翅透明，具银灰色的缨毛。翅展20～28毫米。幼虫：老龄体长20～30毫米，白色，头及前胸背板棕褐色。3对胸足、4对腹足、1对臀足。腹足趾钩为二列横带单序，臀足仅有趾勾一列。成长期幼虫有的呈淡青色。蛹为棕黄色。

刚孵化的幼虫钻入枝前为害叶片和芽，然后顺着芽髓钻入枝条内部，这是主要的钻入方式，约占总钻入量的80%，有一少部分是从机械伤口处钻入，还有一少部分幼虫是先食靠近芽上部和下部的嫩皮，环食半周至一周，然后将木质部蛀穿钻入内部，后两种钻入方式各占15%和5%。蛀入茎内的幼虫在髓部串食成虫道，长约10厘米。茎外蛀入孔有红色粪便。粗枝的蛀入孔下有时由粪便细丝联结木屑形成圆形片状堆积物。被害枝生长衰弱，夏末叶片变成红色，严重时枝枯、果萎、叶落。有虫孔的枝条在防寒埋土时容易折断。一年发生一代。幼虫在茎内越冬。

防治方法：①生物防治：如用寄生蜂寄生，用寄生性线虫（*Neoaplotanabibionis* Bovien）悬浮液防治。②药剂防治：在成虫羽化初期及产卵高峰期，田间喷杀虫剂，如50%敌敌畏乳剂，每公顷用药2.5～3.0千克，2周以后再喷1次，采果前10天不宜喷药。其他药剂如2.5%敌杀死乳油，20%速灭杀丁乳油，每公顷用药300毫升，对水450～700千克，50%辛硫磷乳油，40%西维因胶悬剂1 000倍液喷雾。

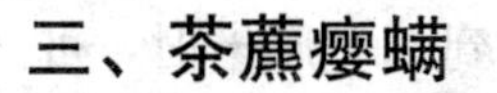

三、茶藨瘿螨

黑穗醋栗瘿螨（*Cecidophyopsis ribis* Westw）又名茶藨瘿螨、茶藨芽壁虱，属蛛形纲（Arachnida）、蜱螨目（Acarina）、瘿螨科（Eriophyidae），为黑穗醋栗世界范围内重要的害虫之一。瘿螨虫体积小，呈龙虾形，肉眼不能看见，只有用放大镜或解剖镜才能看清。其发育分为卵、一龄老虫、二龄老虫及成虫4个阶段。成虫螨虫状，乳白色，雌螨体长0.3毫米，雄螨体长0.15毫米。口器为变相的刺吸式口器，由5个小针组成。头胸板三角形，背甲无刚毛和刚毛突。中躯有5条纵线。从背部到腹部由70个单独的环组成生殖环，其上有生殖孔。若虫外形与成虫相似，体形较小，缺少外生殖器。

瘿螨钻入嫩芽内吸食为害。芽内螨数平均为1～10个时，芽形态不变，春季尚能正常开放；芽内有10～3 000个螨虫时，芽稍变大变圆，春季芽的一部分开放，另一部分芽呈松散状态并死亡，开放的枝叶变形、花不结实。芽内含3 000～8 000个螨虫时，从秋天起芽特别膨大，变圆，春季继续膨大，芽鳞开裂，干枯死亡。受精的雌螨在芽内越冬，次年4月中旬（黑龙江）芽萌动时在芽内开始产卵，5月上中旬为产卵高峰，6月下旬停止，该时被害芽干枯，雌虫死亡。卵经6～12天孵化成若虫。在盛花期若虫脱皮2次，长成雄螨及雌螨，其中一部分从芽中爬出，转移到新芽上去，另一部分留在原处继续为害，并且再繁殖一代。瘿螨转移时期有1个月之久，这是它生命中最脆弱的时期，此时打药防治最有效。瘿螨离开老芽，沿枝爬向新芽，钻入尚未分化的芽内，6月上旬在雏梢原基生长点上方的空腔部分吸食、繁衍。6月中旬开始进入产卵期。8月份产卵盛期，受害芽随之膨大。9月下旬降温之后停止。10月下旬以若虫、成虫状态进入越冬休眠期。

防治方法：①秋季采果以后，用1.0～1.5波美度的石硫合剂防治一次，当春梢萌发后，嫩叶长到0.5厘米时，可选用20%三氯杀螨醇1 000～1 500倍液；50%敌螨丹1 000～1 500倍液；80%敌敌畏1 000～1 500倍液。石硫合剂可用0.3～0.5波美度。②茶藨瘿螨天敌很多，如小黑瓢甲、六点蓟马、捕食螨、草蛉等，在芽螨发生期均有一定的控制作用，应加以保护和利用。

第四节　五味子主要病虫害及其防治技术

五味子病害较多，其中侵染性病害主要有白粉病、茎基腐病、叶枯病等。五味子生理病害主要包括日灼病、霜冻等。五味子虫害主要包括柳蝙蝠蛾、介壳虫、美国白蛾、女贞细卷蛾、白星花金龟等。

一、白粉病

病原菌为五味子叉丝壳菌（*Microsphaera schizandrae* Sawada），子囊菌亚门、叉丝壳属真菌。该菌为外寄生菌，病部的白色粉状物即为病菌的菌丝体、分生孢子及分生孢子梗。菌丝体叶两面生，也生于叶柄上；分生孢子单生，无色，椭圆形、卵形或近柱形，24.2～38.5微米×11.6～18.8微米。白粉病是严重为害五味子的病害之一。近年来在辽宁、吉林、黑龙江等省的五味子主产区大面积发生和流行，受害苗圃发病率达100%，病果率可达10%～25%，严重影响了五味子的产量。白粉病为害五味子的叶片、果实和新梢，其中以幼叶、幼果为害最为严重。往往造成叶片干枯，新梢枯死，果实脱落。叶片受害初期，叶背面出现针刺状斑点，逐渐上覆白粉（菌丝体、分生孢子和分生孢子梗），严重时扩展到整个叶片，病叶由绿变黄，向上卷缩，枯

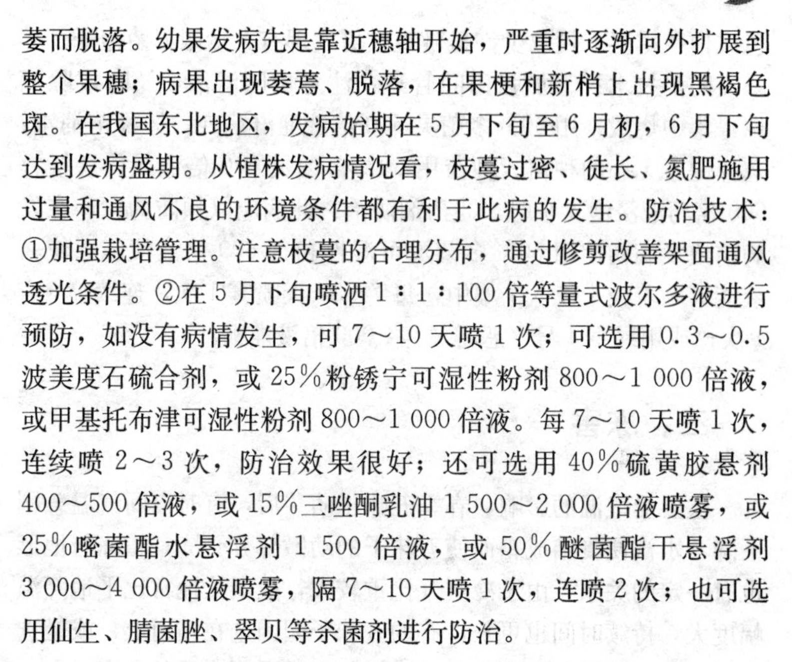

萎而脱落。幼果发病先是靠近穗轴开始，严重时逐渐向外扩展到整个果穗；病果出现萎蔫、脱落，在果梗和新梢上出现黑褐色斑。在我国东北地区，发病始期在5月下旬至6月初，6月下旬达到发病盛期。从植株发病情况看，枝蔓过密、徒长、氮肥施用过量和通风不良的环境条件都有利于此病的发生。防治技术：①加强栽培管理。注意枝蔓的合理分布，通过修剪改善架面通风透光条件。②在5月下旬喷洒1∶1∶100倍等量式波尔多液进行预防，如没有病情发生，可7～10天喷1次；可选用0.3～0.5波美度石硫合剂，或25%粉锈宁可湿性粉剂800～1 000倍液，或甲基托布津可湿性粉剂800～1 000倍液。每7～10天喷1次，连续喷2～3次，防治效果很好；还可选用40%硫黄胶悬剂400～500倍液，或15%三唑酮乳油1 500～2 000倍液喷雾，或25%嘧菌酯水悬浮剂1 500倍液，或50%醚菌酯干悬浮剂3 000～4 000倍液喷雾，隔7～10天喷1次，连喷2次；也可选用仙生、腈菌脞、翠贝等杀菌剂进行防治。

二、茎基腐病

该病由4种镰刀菌属真菌引起，分别为木贼镰刀菌（*Fusarium equiseti*）、茄腐镰刀菌（*Fusarium solani*）、尖孢镰刀菌（*Fusarium oxysporum*）和半裸镰刀菌（*Fusarium semitectum*）。这几种菌一般在病株中都可以分离到，在不同地区比例有所差异。五味子茎基腐病在各年生五味子上均有发生，但以1～3年生发生严重。从茎基部或根茎交接处开始发病。发病初期叶片开始萎蔫下垂，似缺水状，但不能恢复，叶片逐渐干枯，最后，地上部全部枯死。在发病初期，剥开茎基部皮层，可发现皮层有少许黄褐色，后期病部皮层腐烂、变深褐色，且极易脱落。病部纵切剖视，维管束变为黑褐色。条件适合时，病斑向上、向下扩展，可导致地下根皮腐烂、脱落。湿度大时，可在病部见到粉红色或白色霉层，挑取少许显微观察可发现有大量镰刀菌孢子。

防治技术：①加强田间管理：注意田园清洁，及时拔除病株，集中烧毁，用50%多菌灵600倍液灌淋病穴。②种苗消毒：选择健康无病的种苗。种苗用50%多菌灵600倍液或代森锰锌600倍药液浸泡4小时。③药剂防治：此病应以预防为主，在发病前或发病初期用50%多菌灵可湿性粉剂600倍液喷施，使药液能够顺着枝干流入土壤中，每7～10天喷雾1次，连续喷3～4次；或用绿亨1号（恶霉灵）4 000倍液灌根。

三、冻害

主要受气温的影响，春季五味子萌芽后，有时夜间气温急剧下降，水汽便凝结成霜而使五味子的幼嫩部分受冻；霜冻与地形也有一定的关系，由于冷空气比重较大，故低洼地常比平地降温幅度大，持续时间也更长，有的五味子园因选在霜道上，或是选在冷空气容易凝聚的沟底谷地，则很容易受到晚霜的危害。

东北五味子产区每年都发生不同程度的霜冻危害。轻者枝梢受冻，重者可造成全株死亡。受害叶片初期表现不规则的小斑点，随着时间的延长斑点相连，发展成斑驳不均的大斑块，叶片褪色，叶缘干枯。发病后期幼嫩的新梢严重失水萎蔫，组织干枯坏死，叶片干枯脱落，树势衰弱。3～5月为该病的发病高峰期。在辽东山区每年5月都有一场晚霜，此间五味子受冻较为严重。

预防方法：①科学建园：选择向阳缓坡地或平地建园，要避开霜道和沟谷，以避免和减轻晚霜危害。②地面覆盖：利用玉米等秸秆覆盖五味子根部，阻止土壤升温，推迟五味子展叶和开花时期，避免晚霜危害。③烟熏保温：在五味子萌芽后，要注意收听当地的气象预报，在有可能出现晚霜的夜晚当气温下降到1℃时，点燃堆积的潮湿的树枝、树叶、木屑、蒿草，上面覆盖一层土以延长燃烧时间。放烟堆要在果园四周和作业道上，要根据风

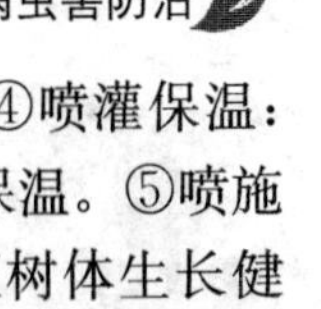

向在上风口多设放烟堆，以便烟气迅速布满果园。④喷灌保温：根据天气预报可采用地面大量灌水、植株冠层喷灌保温。⑤喷施药肥：生长季节合理施氮肥，促进枝条生长，保证树体生长健壮，后期适量施用磷钾肥，促使枝条及早结束生长，有利于组织充实，延长营养物质积累时间，从而能更好地进行抗寒锻炼。喷施防冻和磷钾肥，可预防 2～5℃低温 5～7 天。

四、柳蝙蝠蛾

柳蝙蝠蛾（*Phassus excrescens* Butler）属鳞翅目（Lepidoptera）蝙蝠蛾科（Hepialidae）。成虫：茶褐色，翅展 50～90 毫米。触角短小，丝状；腹部长筒形。体色变化较大，初羽化的成虫由绿褐色到粉褐色，稍久变成茶色。前、后翅均宽大，脉序相似；前翅前缘有 7 枚近环状的深色斑纹，中央有一个深色稍带绿色的三角形斑纹，斑纹的外侧有 2 条褐色宽斜纹，直达翅后缘；后翅灰褐色。前、中足发达，爪较长，借以攀缘物体。雄蛾后足胫节外侧长有橙黄色刷状长毛。

幼虫直接蛀入树干或树枝，啃食木质部及蛀孔周围的韧皮部，绝大多数向下蛀食坑道，将咬下的木屑送出，黏于坑道口的丝网上，于坑道口外，连缀成木屑包。幼虫隐蔽在坑道中生活，其蛀孔常在树干下部、枝杈或腐烂的皮孔处，不易发现，又因其钻蛀性强、造成坑道面积较大，致使果树降低果实产量、质量。尤其对幼树为害最重。轻者阻滞养分、水分的输送造成树势衰弱；重者失去主枝，且常因虫孔原因，使雨水进入虫孔而引起病腐。

防治技术：①及时清除园内杂草，集中深埋或烧毁。②5 月下旬枝干涂白防止受害。③及时剪除被害枝。④5 月下旬至 6 月上旬，低龄幼虫在地面活动期，及时喷洒 2.5％敌杀死乳油 1 000倍液。中龄幼虫钻入树干后，可用 80％敌敌畏乳油 50 倍液滴入蛀孔封严，杀虫效果显著。

农药使用安全

在某些情况下，使用农药对控制树莓、蓝莓等小浆果的产量损失确实会起到非常重要的作用。但滥用农药不仅达不到理想的防治效果，反而会影响小浆果的品质和产量，同时加速病虫草害，产生抗药性，导致施药量、施药次数和防治成本的不断增加，还会造成农药污染小浆果产品及其生产环境，影响消费者健康和小浆果及其加工品出口等严重后果。因此，为了做到安全合理使用农药，必须按照相应的技术指标，做到在必要的时候和最适的时间选用对口的农药品种和恰当的施药方法，控制施药量、施药次数和安全间隔期，既保证必要的病虫草害防治效果，又有效地控制农药对小浆果产品和环境的污染。将这些指导农药合理使用的技术指标以一定的形式规范下来，就是农药安全使用规范，它是良好农业规范（GAP）的重要组成部分。

第一节　农药使用安全的法律基础及基本常识

一、农药使用安全的法律基础

根据 1997 年国务院颁布实施的《农药管理条例》，农药是指用于预防、消灭或者控制为害农业、林业的病、虫、草和其他有害生物以及有目的地调节植物、昆虫生长的化学合成或者来源于生物、其他天然物质或者几种物质的混合物及其制剂。

我国农药的合理使用已经有了明确的法律基础。2006 年颁布的《中华人民共和国农产品质量安全法》第二十五条规定："农产品生产者应当按照法律、行政法规和国务院农业行政主管部门的规定，合理使用农业投入品，严格执行农业投入品使用安全间隔期或者休药期的规定，防止危及农产品质量安全。禁止在农产品生产过程中使用国家明令禁止使用的农业投入品。"2001 年国务院令第 326 号发布的《农药管理条例》第二十七条规定："使用农药应当遵守国家有关农药安全、合理使用的规定，按照规定的用药量、用药次数、用药方法和安全间隔期施药，防止污染农副产品。剧毒、高毒农药不得用于防治卫生害虫，不得用于蔬菜、瓜果、茶叶和中草药材。"2004 年农业部令第 38 号发布的《农药管理条例实施办法》第二十八条规定："农药使用者应当确认农药标签清晰，农药登记证号或者农药临时登记证号、农药生产许可证号或者生产批准文件号齐全后，方可使用农药。农药使用者应当严格按照产品标签规定的剂量、防治对象、使用方法、施药适期、注意事项施用农药，不得随意改变。"

二、农药使用的基本常识

1. 农药的分类　根据防治对象主要分为杀虫剂、杀菌剂、除草剂和其他农药（植物生长调节剂、杀螨剂、杀线虫剂和杀鼠剂）。

2. 农药的剂型　目前农药剂型有 50 多种。常用的农药剂型主要有粉剂、可湿性粉剂、乳油、颗粒剂和其他剂型（水剂、水溶剂、油剂、悬浮种衣剂、悬浮剂和烟剂）等。

3. 农药用量表示方法

（1）*农药有效成分用量表示方法*。国际上早已普遍采用单位面积有效成分用量，即克（有效成分）/公顷表示。如速灭杀丁防治菜青虫时有效成分用量为 75～100 克/公顷。

（2）农药商品用量表示方法。一般表示为克（毫升）/公顷。如防除大豆禾本科杂草需用20%拿捕净乳油1 000～1 500毫升/公顷。

（3）百分浓度表示法。通常表示制剂的含药量，如50%乙草胺乳油。

（4）百万分浓度表示法。表示一百万份药液中含农药有效成分的份数，通常表示农药加水稀释后的药液浓度。

（5）稀释倍数百分浓度表示法。是针对常量喷雾而沿用的习惯表示方法。如用10%氯氰菊酯乳油2 000～6 000倍液防治菜青虫。

4. 农药的使用方法

（1）喷雾法。是指以一定量的农药与适量的水配成药液，用喷雾器械将药液喷洒到作物或虫体上。

（2）喷粉法。是指用喷粉机具把粉剂农药均匀地施在作物或虫体上，使作物或害虫体表覆盖一层极薄的药粉。

（3）毒土、毒饵法。毒土法是将农药与细土混合均匀，撒于地面、水面或播种沟内，或与种子混合播种，防治病虫草害。毒饵法是使用害虫喜食的食物为饵料，加适量的水搅拌，再加有胃毒作用的农药，拌匀做成毒饵。

（4）熏蒸法。是采用熏蒸剂或易挥发的药剂，使其挥发为气体状态而起到杀虫杀菌作用的一种方法。

（5）拌种法。用药剂和种子混合均匀，使每粒种子外表都覆盖药层，以防治种传病害和地下害虫。

（6）土壤处理法。采用喷雾、喷粉、撒毒土等方法，把农药均匀地施于地面或一定的土层内，防治病虫草害，称为土壤处理法。

（7）注入法。在防治经济树木害虫时所采用的方法。

5. 农药的科学使用　农药的合理使用，概括讲就是要求有效、经济、安全。要达到这样的目标，应着重做好以下几点。

（1）对症下药。如杀菌剂中的硫制剂只对白粉病菌有效，对霜霉病菌无效；而铜制剂对霜霉病菌有效，对白粉病菌无效等。因此，在使用农药时，应根据防治对象的不同，选择对其有效的农药品种进行防治，才能收到良好的防治效果。

（2）适时用药。首先，要根据不同病虫草害的发生特点和药剂的性能，抓住有利时机，适时进行防治，如用触杀性除草剂防除杂草，应在杂草出苗后的幼苗期施药，才能起到好的防治效果。其次，对防治对象的发生数量过程和可能造成的为害程度，应进行必要的调查和有所估计，改变见虫就治、治虫务尽的做法。第三，为了提高药剂防治效果，施药时间的选择还应考虑气候条件，如大雨、大风天、高温都不能施药。

（3）准确用药。应注意用药量和施药方法，根据使用说明书及注意事项，在使用时不能随意增加用量，以免浪费农药，造成药害等副作用。

（4）安全用药。应保证作物的安全（农药使用不当会产生药害）、人、畜的安全（尽可能使用高效、低毒、低残留农药）和天敌的安全（尽量少施广谱性触杀剂，选用内吸性杀虫剂）。

（5）轮换用药。若长期单独使用一种农药，会产生抗药性，因此要合理轮换使用不同种类的农药，以减缓抗药性的产生。

（6）合理复配混用。①两种混合使用的农药不能起化学反应（降低药效或造成药害）；②田间混用的农药物理性状应保持不变（分层、沉淀等不能混用）；③混用后不应提高对人、畜、禽和鱼类的毒性以及对其他有益生物和天敌的为害；④混用农药品种要求具有不同的作用方式和不同的防治靶标（可以兼治不同的防治对象，扩大防治范围，省工省时）；⑤不同农药混用在药效上要达到增效的目的（不能有拮抗作用）；⑥农药混用应降低成本。

6. 农药的药害

（1）药害概念。是指因施用农药不当或因农药质量问题而使农作物产生的各种病态反应。从药害症状表现时间来看，可分为急性药害和慢性药害两种。急性药害是指施药后10天内所表现的症状，多呈现斑点、失绿、落叶、落果等；慢性药害往往在施药数10天后方可察觉，如出现黄化、畸形、小果、劣果等。

(2) 产生药害的原因。原因较为复杂，但不外乎有3个方面：一是错用农药或随意混用农药；二是使用变质的、含有杂质的农药；三是尚未掌握施药技术，施药时选择了不适宜的作物生育阶段，或不适用的施药天气、方法等。

(3) 药害的主要症状。药害症状表现类型很多，主要有：

①斑点型：主要表现在叶片上，有时也发生在茎秆上或果实表皮上。常见的药斑有褐斑、黄斑、网斑等几种。

②黄化型：主要是农药阻碍了叶绿素的正常光合作用所引起。按药害轻重，有叶片发黄和全株发黄之分。叶片发黄又有新叶发黄和基叶发黄两类。

③畸形型：常见的畸形有卷叶、叶变形、丛生、根肿、畸形穗、畸形果等。

④枯萎型：这类药害往往整株表现症状，大多数是由除草剂使用不当所引起。

⑤生长停滞型：这类药害抑制了作物的正常生长，使植株生长缓慢。

⑥不孕型：作物生殖生长期用药不当而导致不结实。

⑦脱落型：受害后常出现落叶、落花、落果等症状。

⑧劣果型：主要表现在植物的果实上，使果实体积变小，果实异常，品质变劣，影响食用价值。

三、农药合理使用的规范形式

1. 标准 包括国家标准、农业行业标准和地方标准，如《药合理使用准则》(GB/T 8321)、《农药安全使用标准》(GB 4285)、《绿色食品农药使用准则》(NY/T 393) 等。

2. 政府公告　主要包括国家和地方政府及其农业行政主管部门发布的一些农药禁用或限用的规定等，如农业部 2002 年发布的 199 号公告等。

3. 农药标签和登记公告　经农业部审定的农药产品标签及农药登记公告中对农药使用所做的规定。

4. 生产技术要求和操作规程　2006 年颁布的《中华人民共和国农产品质量安全法》第二十条规定："国务院农业行政主管部门和省、自治区、直辖市人民政府农业行政主管部门应当制定保障农产品质量安全的生产技术要求和操作规程。"在农业行政主管部门按照这一法律要求制定的相关生产技术要求和操作规程中将会包含很多农药合理使用规范的内容。

第二节　农药使用的基本原则

一、严格遵守农药禁限用的规定

在联合国环境规划署主持下制定，并由各国政府签署的"关于持久性有机污染物的斯德哥尔摩公约"规定在全世界范围内禁用或严格限用 12 种对人类、生物及自然环境为害最大的化学品，其中有 9 种是农药，它们分别是：艾氏剂、狄氏剂、异狄氏剂、滴滴涕、七氯、氯丹、灭蚁灵、毒杀酚、六氯苯。

按照农业部 2002 年发布的 199 号公告，目前在全国范围内禁用或限用的农药品种如下：

1. 国家明令禁止使用的农药（18 种）六六六、滴滴涕、毒杀芬、二溴氯丙烷、杀虫脒、二溴乙烷、除草醚、艾氏剂、狄氏剂、汞制剂、砷制剂、铅制剂、敌枯双、氟乙酰胺、甘氟、毒鼠强、氟乙酸钠、毒鼠硅。

2. 在蔬菜、果树、茶叶、中草药材上不得使用的农药（19 种）甲胺磷、甲基对硫磷、对硫磷、久效磷、磷胺、甲拌磷、甲基异柳磷、特丁硫磷、甲基硫环磷、治螟磷、内吸磷、克百威、涕灭威、灭线磷、硫环磷、蝇毒磷、地虫硫磷、氯唑磷、苯线磷。

3. 限制使用的农药（2 种） 三氯杀螨醇和氰戊菊酯不得用于茶树上。

除全国性禁限用的农药外，有些地方政府还规定了在本地区禁限用的其他农药品种名单。

二、合理选择用药时期

1. 必要时候用药 一般情况下，除了一些外围入侵的检疫性病虫草害外，少量病虫草害的发生对作物生产不会造成经济损失，而且常常有利于生物多样性的保持，如五味子园中有少量的叶螨类害虫存在有利于捕食螨等天敌种群的保存和增殖。因此，为了避免不必要的用药，对于大多数害虫，都可以根据“防治指标”（或称“经济阈值”）来考虑用药。国外曾有试验报道，在二斑叶螨密度达到 120 头/叶时，五味子的产量、果实数量和含糖量也没有受到显著影响。但由于杀菌剂往往需要在发病之前或发病初期施用，是否施用一般要根据病害的严重度预报、当地的历年经验或发病条件的分析来决定。

2. 最适的时期用药 在不同的时期使用农药对病虫草害的防治效果，对作物及其周围环境的影响都会有非常显著的差异。选择一个最适的用药时期对于提高防效、减少不利影响是非常重要的。杀虫杀螨剂对害虫（或害螨）的作用有毒杀、驱避、拒食、引诱和干扰生长发育等，毒杀作用的方式又有胃毒、触杀和熏蒸等。通常，毒杀作用的杀虫剂以对幼（若）虫的初龄期最为有效，性诱剂作用于性成熟的成虫，拒食作用的杀虫剂作用于害虫的主要取食阶段，驱避作用的杀虫剂作用于害虫的主要取食和产卵期。杀菌剂对病虫害的防治作用有保护作用和治疗作用，大多数的杀菌剂都以保护作用为主，只有在病菌侵入作物组织之前施药才会起到良好的防治效果。因此，杀菌剂一般要在发病初期或将要发病时施用。如果作物不同生育期的感病性有显著差异，也可在感病生育期开始到来时施药。除草剂也要根据药剂本身的性质（如是选择性的还是灭生性的，是茎叶处理剂还是土壤处理剂等）、作物种类及其生育期（是否对拟用除草剂敏感）和主要杂草的生育期（对拟用除草剂的敏感性）确定对杂草效果好，对作物安全的施药适期。

三、恰当选择农药

农药的品种很多，各种药剂的理化性质、生物活性、防治对象等各不相同，某种农药只对某些甚至某种对象有效，如井冈霉素对防治水稻纹枯病有很好效果，但对稻瘟病、白叶枯病等其他水稻病害无效。当一种防治对象有多种农药可供选择时，应选择对主要防治对象效果好，对人畜和环境生物毒性低，对作物安全和经济上可以接受的品种。严格来说，农药品种的选择应在农药合理使用准则和农药登记资料规定的使用范围内，根据当地的使用经验选择，任何农药产品都不得超出农药登记批准的使用范围（通常在农药包装标签上有说明）。但由于目前我国已制定的农药合理使用准则（GB/T 8321）还没有涉及小浆果。目前作为一个临时的权宜之计，建议当登记在小浆果上的农药产品确实不能满足防治要求时，可参照蔬菜类作物的合理使用准则和登记情况，并通过应用示范，取得经验后便可以使用。

四、使用正确的施药方法和技术

农药的施用方法应根据病虫草害的为害方式、发生部位、设施条件和农药的特性等来选择。一般来说，在作物地上部表面为害的病虫害，如树莓灰霉病、白粉病等，通常可采用喷雾、喷粉等方法，有大棚等保护设施的，也可用熏蒸的方式；对通过种苗传播的病虫害，可采用种苗处理的方法等。对于同一种用药方法，通过技术改进也可以大幅度减少农药用量，从而显著减少对环境的污染。减少农药用量的使用技术主要有：

1. 低容量喷雾技术 通过喷头技术改进，提高喷雾器的喷雾能力，使雾滴变细，增加覆盖面积，降低喷药液量。传统喷雾方法每公顷用药液量在600～900升，而低量喷雾技术用药液量仅为50～200升，不但省水省力，还提高了功效近10倍，节省农药用量20%～30%。

2. 静电喷雾技术 通过高压静电发生装置，使雾滴带上静电，药液雾滴在静电的引导下，沉积于植物表面的比例显著增加，农药的有效利用率可提高到90%。

3. 使用有机硅、矿物油等农药助剂 如在药液中添加杰效利3 000倍液，因其可大幅度增强药液的附着力、扩展性和渗透力，通常可减少1/3的农药用量和50%以上的用水量，从而提高农药利用率和防治效果。

五、掌握用量技术

农药要有一定的用量（或浓度）才会有满意的效果，但并不是用量越大越好。首先，达到一定用量后，再增加用量，不会再明显提高防效；第二，留有少量的害虫对天敌种群的繁衍有利；第三，绝大多数杀虫剂对害虫天敌有一定杀伤力，浓度越高，杀伤力越大；第四，农药用量增加必然会增加农产品中的农药残留量。同一种农药，其适宜用量可因不同的防治对象而有不同；对同一个防治对象，在不同的季节或不同的发育阶段，农药的适宜用量也可能不同。通常应在农药合理使用准则和农药登记资料规定的用量（或浓度）范围内，根据当地的使用经验掌握。

六、注意控制使用次数和安全间隔期

控制农药的使用次数和安全间隔期是实现农药合理使用的一个非常重要的环节。通常，在农药合理使用准则等涉及农药使用的规范性标准中，都有各种农药（按有效成分计，由不同厂家生产的具有不同商品名的农药，如果其有效成分相同，即为同一种农药）在每季作物上的最多使用次数和安全间隔期（即采收距最后一次施药的间隔天数）的规定。另外，在农药登记批准的标签上也理应有在每季作物上的最多使用次数和安全间隔期的规定。但遗憾的是我国已有的农药合理使用准则尚没有包括在小浆果上的合理使用规定，现有获得使用登记的农药，在批准的标签上也没有明确在小浆果上的每季使用次数和安全间隔期。

七、预防人、畜中毒

人、畜发生农药中毒的主要原因是施药人员忽视个人防护，施药浓度过高、高温天气施药或施药时间过长，误食了被高毒农药污染的农产品等。因此，在施用农药时必须按照农药合理使用的规范，控制好使用浓度、安全间隔期和最多使用次数，特别是在农药的使用过程中应严格按照农药安全使用的操作规范，施药人员必须做好个人防护，如施药时穿长裤和长袖衣服，戴帽子、口罩和手套，穿鞋、袜等，每天施药时间不超过 6 小时，中午高温和风大时不施药，施药过程不吃东西，施药结束后及时彻底清洗和漱口等。特别要注意的是，采用保护地栽培的小浆果，在保护地内施药环境比较封闭，挥发性比较强的农药容易在保护设施空间内形成局部的高浓度，施药后要尽早离开。

八、预防植物药害

农药用量过大，施药方法不当，药剂挥发和飘移至敏感作物上，农药质量不合格，施药后环境条件恶化，管理不善导致误用农药或混用不当等均可造成药害。如树莓对2，4-D等药剂就非常敏感，树莓园中不可使用。因此，农药的使用必须严格按照农药的合理使用规范和农药登记时规定的使用范围、注意事项、使用方法和用量执行，并注意附近是否有敏感作物，环境条件是否特别不利等。要充分考虑农药的特性后谨慎地混用农药，没有混用过的要先做试验，取得经验后再混用。同时，加强对农药质量的监管和对农药使用技术的培训。

九、预防病虫草害产生抗药性

病虫草害和其他生物体一样，都有抵御外界恶劣环境的本能。在不断受到农药袭击的环境中，病虫草害同样有一种逐渐产生抵抗力的反应，这就是抗药性。如在部分蓝莓产区，灰霉病菌已经对嘧霉胺和异菌脲等药剂产生了明显的抗药性。而保证农药的合理使用是预防病虫草害产生抗药性的主要途径，其中关键的措施有：

1. 放宽防治指标　在不得不使用农药时，应尽量放宽防治指标，减少用药次数和用药量，降低选择压力，降低抗性个体频率上升的速度，延缓抗药性。

2. 轮换农药品种　应尽可能选用作用机制不同、没有交互抗性的农药品种轮换使用。如杀虫剂中有机磷类、拟除虫菊酯类、氨基甲酸酯类、有机氮类、生物制剂和矿物制剂等各类农药的作用机制都不同，可以轮换使用；杀菌剂中内吸性杀菌剂（苯并咪唑类、抗生素类等）容易引起抗药性，应避免连续使用，接触性杀菌剂（代森类、硫制剂、铜制剂等）不大容易产生抗药性。农药品种的轮换也可采用棋盘式交替用药的方法，即把一片园区分成若干个小区，如棋盘一样，在不同的区内，交替使用两种作用机制不同的农药。

3. 不同农药品种混合使用　两种作用方式和机制不同的药剂混合使用，或在农药中加入适当的增效剂，通常可以减缓抗药性的发展速度。但混合使用的药剂组合必须经过仔细的研究，不能盲目混用。而且混配的农药也不能长期单一地采用，否则同样可能引起抗药性，甚至发生多抗性。

4. 暂停或限制使用　当一种农药已经产生抗药性时，应停止或限制使用，经过一定的时期后，抗药性现象可能会逐渐减退，药剂的毒力逐渐恢复。在确认抗药性已经消退后，可再继续使用该药剂。

5. 采用正确的施药技术　对于不同的作物和有害生物，应选用恰当的施药技术和使用剂量或浓度，使药剂适量、有效、均匀地沉积到靶标上。

第三节　绿色食品生产中农药使用规范

绿色食品是我国特有的一类具有较高安全质量要求的食品。生产中的病虫草害防治应从整个农业生态系统出发，综合运用各种防治措施，创造不利于病虫草害滋生和有利于各类天敌繁衍的环境条件，保持农业生态系统的平衡和生物多样化，减少各类病虫草害所造成的损失。优先采用农业措施。通过选用抗病抗虫品种，非化学药剂种苗处理，培育无病壮苗。加强栽培管理，中耕除草，深翻晒土，清洁田园，轮作倒茬，间作套种等一系列措施，并尽量利用灯光、色彩诱杀害虫，机械捕捉害虫，机械和人工除草等措施，起到防治病虫草害的作用。特殊情况下，必须使用农药时，应遵守以下准则。

一、生产AA级绿色食品农药使用规范

生产AA级绿色食品允许使用下列农药及方法：

(1) 经过绿色食品认证机构认证的AA级绿色食品、生产资料、农药类产品。

(2) 中等毒性以下的植物源杀虫剂、杀菌剂、拒避剂和增效剂，如除虫菊素、鱼藤根、烟草水、大蒜素、苦楝、川楝、印楝、芝麻素等。

(3) 释放寄生性或捕食性天敌动物，包括昆虫、捕食螨、蜘蛛及昆虫病原线虫等。

(4) 在害虫捕捉器中使用昆虫信息素及植物源引诱剂。

(5) 使用矿物油和植物油制剂。

(6) 使用矿物源农药中的硫制剂、铜制剂。

(7) 经专门机构核准，允许有限度地使用活体微生物农药，如真菌制剂、细菌制剂、病毒制剂、放线菌、拮抗菌剂、昆虫病原线虫、原虫等。

(8) 经专门机构核准，允许有限度地使用农用抗生素，如多抗霉素（多氧霉素）、农抗120、浏阳霉素等。

生产AA级绿色食品禁止使用有机合成的化学杀虫剂、杀螨剂、杀菌剂、杀线虫剂、除草剂和植物生长调节剂（包括生物源、矿物源农药中混配有机合成农药的各种制剂），严禁使用基因工程产品及制剂。

二、生产A级绿色食品农药使用规范

生产A级绿色食品允许使用下列农药及方法：

(1) 经过绿色食品认证机构认证的AA级和A级绿色食品、生产资料、农药类产品。但每种有机合成产品在作物的1个生长

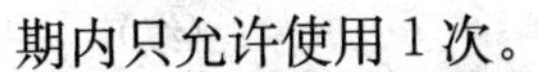
期内只允许使用1次。

(2) 中等毒性以下的微生物源农药。包括农用抗生素（防治真菌病害的如多抗霉素、农抗120等，防治螨类的如浏阳霉素、华光霉素等）和活体微生物农药（如苏云金杆菌、枯草芽孢杆菌、核型多角体病毒等）。

(3) 中等毒性以下的植物源农药。如可用作杀虫剂的除虫菊素、鱼藤酮、烟碱、植物油乳剂等，可用作杀菌剂的大蒜素，可用作拒避剂的印楝素、苦楝、川楝素，可用作增效剂的芝麻素等。

(4) 中等毒性以下的动物源农药。如昆虫信息素和活体的天敌动物等。

(5) 使用矿物源农药中的硫制剂、铜制剂和矿物油乳剂等。

(6) 有机合成农药。必要时可选用《农药安全使用标准》(GB 4285) 和《农药合理使用准则》(GB/T 8321) 中列出的低毒农药和中等毒性农药，但应严格按照上述标准控制施药量和安全间隔期，并且每种有机合成农药在作物的1个生长期内只允许使用1次。

生产A级绿色食品严禁使用剧毒、高毒、高残留或具有三致毒性（致癌、致畸、致突变）的农药（表7-1）；严禁使用高毒、高残留农药防治贮藏期病虫害；严禁使用基因工程品种（产品）及制剂。

表7-1　生产A级绿色食品禁止使用的农药

种　类	农药名称	禁用作物	禁用原因
有机氯杀虫剂	滴滴涕、六六六、林丹、甲氧、高残毒DDT、硫丹	所有作物	高残毒
有机氯杀螨剂	三氯杀螨醇	蔬菜、果树、茶叶	工业品中含有一定数量的滴滴涕

（续）

种　类	农药名称	禁用作物	禁用原因
氨基甲酸酯杀虫剂	涕灭威、克百威、灭多威、丁硫克百威、丙硫克百威	所有作物	高毒、剧毒或代谢物高毒
二甲基甲脒类杀虫螨剂	杀虫脒	所有作物	慢性毒性致癌
拟除虫菊酯类杀虫剂	所有拟除虫菊酯类杀虫剂	水稻及其他水生作物	对水生生物毒性大
卤代烷类熏蒸杀虫剂	二溴乙烷、环氧乙烷、二溴氯丙烷、溴甲烷	所有作物	致癌、致畸、高毒
阿维菌素		蔬菜、果树	高毒
克螨特		蔬菜、果树	慢性毒性
有机砷杀菌剂	甲基胂酸锌（稻脚青）、甲基胂酸钙胂（稻宁）、甲基胂酸铵（田安）、福美甲胂、福美胂	所有作物	高残毒
有机锡杀菌剂	三苯基醋锡（薯瘟锡）、三苯基氯化锡、三苯基羟基羟基锡（毒菌锡）	所有作物	高残留、慢性毒性
有机汞杀菌剂	氯化乙基汞（西力生）、醋酸苯汞（赛力散）	所有作物	剧毒、高残毒
有机磷杀菌剂	稻瘟净、异稻瘟净	水稻	异臭
取代苯类杀菌剂	五氯硝基苯、稻瘟醇（五氯苯甲醇）	所有作物	致癌、高残留
2，4-D类化合物	除草剂或植物生长调节剂	所有作物	杂质致癌
二苯醚类除草剂	除草醚、草枯醚	所有作物	
植物生长调节剂	有机合成的植物生长调节剂	蔬菜生长期（可土壤处理与芽前处理）	

（续）

种　类	农药名称	禁用作物	禁用原因
除草剂	各类除草剂	蔬菜生长期（可用土壤处理与芽前处理）	
有机磷杀虫剂	甲拌磷、乙拌磷、久效磷、对硫磷、甲基对硫磷、甲胺磷、甲基异柳磷、治螟磷、氧化乐果、磷胺、地虫硫磷、灭克磷（益收宝）、水胺硫磷、氯唑磷、硫线磷、杀扑磷、特丁硫磷、克线丹、苯线磷、甲基硫环磷	所有作物	剧毒高毒

第四节　有机农业生产中农药的合理使用规范

按照2005年颁布的《有机产品国家标准》(GB/T 19630.1—2005 有机产品第1部分：生产）中的规定，作物病虫草害防治的基本原则是：从作物病虫草害整个生态系统出发，综合运用各种防治措施，创造不利于病虫草害滋生和有利于各类天敌繁衍的环境条件，保持农业生态系统的平衡和生物多样化，减少各类病虫草害所造成的损失。优先采用农业措施，通过选用抗病抗虫品种，非化学药剂种子处理，培育壮苗，加强栽培管理，中耕除草，秋季深翻晒土，清洁田园，轮作倒茬，间作套种等一系列措施起到防治病虫草害的作用。还应尽量利用灯光、色彩诱杀害虫，机械捕捉害虫，机械和人工除草等措施，防治病虫草害。以上方法不能有效控制病虫害时，允许使用下列物质：

1. 植物和动物来源　包括印楝树提取物及其制剂、天然除虫菊（除虫菊科植物提取液）、苦楝碱（苦木科植物提取液）、鱼藤酮类（毛鱼藤）、苦参及其制剂、植物油及其乳剂、植物制剂、植物来源的驱避剂（如薄荷、熏衣草）、天然诱集和杀线虫剂（如万寿菊、孔雀草）、天然酸（如食醋、木醋和竹醋等）、蘑菇提取物、牛奶及其奶制品、蜂蜡、蜂胶、明胶、卵磷脂。

2. 矿物来源 包括铜盐（如硫酸铜、氢氧化铜、氯氧化铜等，不得对土壤造成污染）、石灰硫黄（多硫化钙）、波尔多液、石灰、硫黄、高锰酸钾、碳酸氢钾、碳酸氢钠、轻矿物油（石蜡油）、氯化钙、硅藻土、黏土（如斑脱土、珍珠岩、蛭石、沸石等）、硅酸盐（硅酸钠、石英）。

3. 微生物来源 包括真菌及真菌制剂（如白僵菌、轮枝菌），细菌及细菌制剂（如苏云金芽孢杆菌，即 Bt），病毒及病毒制剂（如颗粒体病毒等），寄生、捕食、绝育型的害虫天敌。

4. 其他 氢氧化钙、二氧化碳、乙醇、海盐和盐水、苏打、软皂（钾肥皂）、二氧化硫。

5. 诱捕器、屏障、驱避剂 物理措施（如色彩诱器、机械诱捕器等）、覆盖物（网）、昆虫性外激素（仅用于诱捕器和散发皿）、四聚乙醛制剂（驱避高等动物）。

6. 规定允许使用的其他物质 由认证机构按照标准规定（GB/T 19630.1 中的附录 D 评估有机生产中使用其他物质的准则）进行评估后允许使用的其他物质。

第八章

果实的采收及采后处理

第一节　蓝莓果实采收及采后处理

一、果实采收

矮丛蓝莓果实成熟比较一致，先成熟的果实一般不脱落，可以等果实全部成熟时再采收。在我国长白山区，果实成熟的时间在7月中下旬。矮丛蓝莓果实较小，人工手采比较困难，使用最多而且快捷方便的是梳齿状人工采收器。采收器宽一般为20～40厘米、齿长25厘米，一般40个梳齿。使用时，沿地面插入株丛，然后向前方上捋起，将果实采下。果实采收后，清除枝叶或石块等杂物，装入容器。美国、加拿大矮丛蓝莓采收常使用机械。采收机械也是一个大型梳齿状的摇动装置，采收时上下、左右摆动，将果实采下，然后用传送带将果实运输到清选器中。

高丛蓝莓同一树种、同一株树、同一果穗的果实成熟期都不一致，一般采收持续3～4周，所以要分批采收，一般每隔1周采果1次。果实作为鲜食销售时要人工手采。采收后放入塑料食品盒中，再放入浅盘中，运到市场销售，应尽量避免挤压、暴晒、风吹雨淋等。人工手采时可以根据果实大小、成熟度直接分级。

美国在兔眼蓝莓和高丛蓝莓采收中，为节省劳力，使用手持电动采收机。采收机重约2.5千克，由电动振动装置和4个伸出的采收齿组成，干电池带动。工作时将可移动式果实接收器置于树下，将采收机的 4 个采收齿深入树丛，夹住结果枝，启动电源振动约 3 秒。使用这一采收机需 3 人配合，工作效率相当于人工采收的 2～3 倍，但在上市前需要进行分级、包装处理。

果实要适时采收，不能过早。采收过早果实小，风味差，影响品质。但也不能过晚，尤其是鲜果远销，过晚采收会降低耐贮运性能。蓝莓果实成熟时正是盛夏，注意不要在雨中或雨后马上采收，以免造成霉烂。

二、果实机械采收

由于劳动力资源缺乏，机械采收在蓝莓生产中越来越受到重视。机械采收的主要原理是振动落果。一台包括振动器、果实接收器及传送带装置的大型机械采收器每小时可采收 0.5 公顷以上面积，相当于 160 个人的工作量。但机械采收存在几个问题：一是产量损失，据估计，机械采收大约比人工采收损失 30％的产量；二是机械采收的果实必须经过分级包装程序；三是前期投资较大。在我国以农户小面积分散经营时不宜采用，但大面积、集约式栽培时应考虑采用机械化采收。

三、果实分级

果实采收后，经过去除叶片以及未成熟、挤伤、压伤的果实后，再根据其成熟度、大小等进行分级。高丛蓝莓分级的标准是浆果 pH 3.25～4.25，可溶性糖＜10％，总酸 0.3％～1.3％，糖酸比 10～33，硬度足以抵抗 170～180 转/秒的振动，果实直径＞1 厘米，颜色达到固有蓝色（果实中色素含量＞0.5％时为过分成熟）。实际操作中，主要依据果实硬度、密度及折光度进行分级。

根据密度分级是最常用的方法。一种方式是用气流分离。蓝

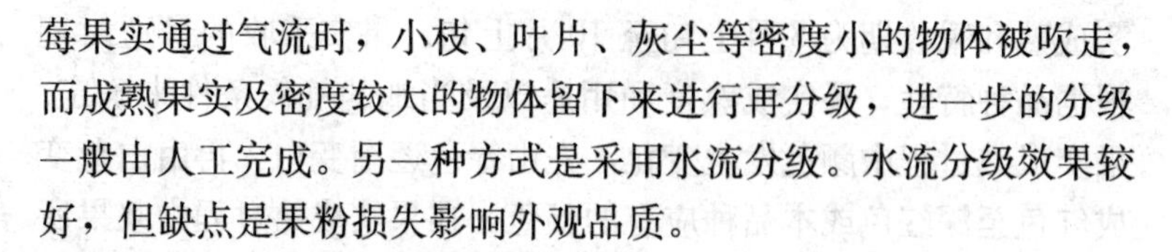

莓果实通过气流时，小枝、叶片、灰尘等密度小的物体被吹走，而成熟果实及密度较大的物体留下来进行再分级，进一步的分级一般由人工完成。另一种方式是采用水流分级。水流分级效果较好，但缺点是果粉损失影响外观品质。

四、果实包装

传统的蓝莓果实包装是用纸板盒，每 12 个盒装入浅盘中运输。但这种纸盒包装容易引起果实失水萎蔫。后来改进为用蜡封纸盒，并在上部及两侧打小孔，以利于通风。近几年改用无毒塑料盒。蓝莓鲜果包装以 120 克左右一盒比较适宜。

五、果实贮存

（1）低温贮存。蓝莓鲜果需要在 10℃以下低温贮存，即使在运输过程中也要保持 10℃以下温度。果实采摘后必须经过预冷，储运过程中才能有效防止腐烂。预冷的方式主要有真空冷却、冷水冷却、冷风冷却。

（2）冷冻保存。果实采收分级包装后可加工成速冻果贮存。速冻果不易腐烂，贮存期长，但生食风味略偏酸。加工冷冻果是浆果类果实利用的一个趋势，冷冻后无变色、破裂等现象，是有潜力的一种长时间保存方式。冷冻的温度要求－20℃以下，每袋 10 千克或 13.5 千克（聚乙烯袋装）装箱。运输过程中也要求冷冻。

第二节　树莓采收及采后处理

树莓分夏果型和秋果型树莓。沈阳地区夏果型树莓通过品种搭配，浆果成熟和采收期为 6 月下旬至 8 月上旬。秋果型树莓果实成熟和采收期为 8 月上旬至 10 月上旬。果实采收的最适时期根据品种特性、果实成熟度和用途以及当地的气候条件来确定。果实成熟过程中颜色发生变化，先由绿色逐渐变白，再由白色变成红色至深红色或本品种应有的颜色。在果实成熟过程中浆果所含的各种营养成分也发生变化。正好成熟的浆果具有独特的风味、香气和色泽，如采收晚了，浆果变色，很易霉烂变质；采收过早，果皮发硬，果肉发酸，果味差，口感差。

一、采收前准备

采收前，应准备好足够的采收容器，如食品塑料箱、塑料盒、塑料盘等。用于装鲜果的容器要浅，果层厚度不超过 5 厘米，不多于 3 层，避免果实相互挤伤。加工用的果实可放入小塑料箱中，直接送往加工厂，或单层放入塑料盘中用于速冻。种植者应与销售商形成顺畅的采收加工链条和装备，使树莓果实采收后在最短的时间内完成包装运输、冷藏或速冻过程。

二、采收

树莓同一品种果实采收时间约持续 30 天。前 10 天果实成熟量由少到多，中间 10 天果实集中大量成熟，后 10 天果实量逐渐减少，因此，在树莓果实成熟期采收果实的用工量需要合理安排和分配。采收要在晴天进行，雨天不适宜采收，果实沾水容易霉烂。烈日暴晒的中午也不宜采摘。采摘时要将适度成熟的果实全部采净，以免延至下次采收时由于过熟造成腐烂。

三、果实预冷处理

在果实收获后、运输或贮存前应尽快进行预冷处理，迅速去除田间热度。预冷可将果实的水分丢失、真菌生长和果实破裂降到最低程度，最大限度地保持果实的新鲜度和品质。冷却的速度是延长树莓贮藏期的关键，冷却每延迟1小时，其货架寿命将缩短1天。因此，树莓果实采摘后最好在1小时内处理完成并进行冷却。有条件的地方可以将果实放入冷库降温冷却或进行强制通风冷却，如放在常温环境下会加速变质腐烂。

四、低温贮藏保鲜

低温贮藏可有效地抑制树莓的呼吸作用，从而延长树莓的贮藏保鲜期和鲜食货架期。果实分装好后放入专用塑料盒中，每盒装0.5千克，将塑料盒放入硬质的保鲜箱中，在0～4℃的低温冷库中保鲜，可延长保鲜4～5天，在2℃条件下，可有10～15天的货架期。

五、速冻保存

树莓浆果速冻可最大限度地保持其色泽、香味和质地，解冻后的浆果接近于新鲜果品的质地。能长时间地为加工厂提供加工原料，或出口远销国外。冷冻后进行贮藏并使用冷链运输是解决树莓果实贮运难的一个有效途径。

速冻用的鲜果首先要进行分级，挑选出用于速冻出售或用于加工的原料。分选后的果实采用速冻程序形成单冻果后用聚乙烯或聚丙烯的盒子或袋子包装，浆果速冻后贮存在－18℃左右的低温环境，保存时间可达14个月以上。

六、气调贮藏保鲜

将树莓果实放在一个相对密闭的贮藏环境中，改变、调节贮藏环境中的氧气、二氧化碳和氮气等气体的成分比例，使果实在低温、高二氧化碳和低氧环境条件下贮藏，降低其呼吸作用，延长贮藏期。选择适宜成熟度的果实放入塑料袋中，每袋0.5～1.0千克，用配气装置向袋中进行气调，气调用1%～3%的氧气和10%～15%的二氧化碳，放在0℃下保鲜，贮藏10天，可鲜食优果率达到90%以上，贮藏20天后树莓果实仍可保持较好的品质质量。

七、包装运输

包装是对树莓果实进行保护，减少了水分蒸发，避免腐烂变质，保持其在运输途中避免因挤压碰撞而造成机械损伤。包装所用的塑料盒、箱板、包装袋及其印色、胶水、封箱胶纸等要求清洁、无毒、无异味，保鲜袋要无毒、无污染，成本低。包装外可注明产地、重量等信息。

树莓的果实运输应使用冷藏运输车，果实装卸时要轻拿轻放，文明操作，运输工具要清洁卫生，不得与有毒、有害物质混装。在运输中的每一步都要使果实保持适当低温，绝不能把果实放在没有冷藏设备的卸装码头。运输车上的果箱摆放要相互隔开一点距离，确保果箱周边的空气在各个方向上自由流通。若一次装载很多果箱，摆放过满，虽可节省运费，但运输中的果实冷却易受影响。

第三节　穗醋栗果实采收及采后处理

穗醋栗浆果于7月中下旬成熟，不同品种果实采收期不同。穗醋栗果实的成熟正值夏季，收获后果实中的各种成分变化相对较快，所以采收期是否适宜直接关系到采后贮藏及加工效果。对穗醋栗果实在成熟过程中的可溶性固形物、糖类、可滴定酸、氨基酸、维生素C等含量的变化进行了分析，发现果实基本着色时是各种营养达到最高值的时期，因此从营养学角度来讲此时应为最佳采收期，而且此时采收的果实比充分成熟的果实耐贮运。目前果实采收主要靠手工，浆果成熟前要组织好人力和用具等，鉴定好产销合同，做到丰产丰收。

采收后的穗醋栗果实应保持新鲜完整。因穗醋栗品种大部分采收期比较集中，加之采收期正值7月份炎热高温天气，果实呼吸旺盛，放出大量的热，极易感染病菌而引起腐烂，或因堆放后“发烧”而引起发霉。所以采收后的果实应该马上放低温通风处，散去田间热，降低果实表面的温度，然后送往加工厂及时加工。

如不能立即加工，有条件的地方应将浆果贮放在2～4℃的冷库中贮存。采用浅型塑料箱包装，也可在箱垛外围加盖一层塑料薄膜，以减少水分蒸腾，可贮放15～28天。

如果果园距加工厂较远，当日无法运往加工厂冷冻或加工，也可以在自家院中搭一简易遮阳棚。遮阳棚要选择通风、高燥、背阴处，棚高2.5～3.0米，棚上覆凉席或稻草。果实采收后，先剔除破碎溢汁的果粒，然后在地上铺上麻袋、塑料布、厚牛皮纸等，将果轻轻倒在上面，铺开摊平，厚度不超过5厘米。棚内要保持通风、干燥，这样可以贮放3～4天。待运输时，将果实轻轻收入容器中。运输途中注意容器堆码高度不要过高，尽量避免机械挤压，以保持浆果的商品价值，减少损失。

第四节 沙棘果实采收

沙棘长有许多棘刺，果实小而多，皮薄易破，果柄短，果实成熟时不形成离层，不能自然脱落，给采收带来许多困难，所以采收所用的劳动几乎占栽培沙棘劳动的90%。

一、采收时期

采摘的时间与果实品质、耐贮性有关。适时采摘的果实果色鲜，果汁多，风味浓，有利于加工，采摘过早、过晚品质都不佳。大果沙棘果实成熟即可采摘，过熟则很快萎缩脱落。中国沙棘果实成熟后不脱落，可根据用途确定采收期，分期采收。适时采摘的标准是果实丰满而未软化，种子呈黑褐色。

沙棘果实的成熟期一般在 8 月中下旬至 9 月上旬。中国沙棘的成熟期比较晚，黄土高原地区采收期为 9 月下旬至 10 月中旬；中亚沙棘、蒙古沙棘等成熟期比较早，在新疆南部喀什地区成熟采收期在 8 月中旬至下旬；引进的俄罗斯、蒙古国的大果沙棘品种有早熟的特点；黑龙江、内蒙古、辽宁等地区的大果沙棘成熟采收期在 8 月上旬至中旬。

沙棘果实品质受多种因素的影响，生长环境、气候、阳光、降水等环境因素对沙棘果实品质的影响较大。不同的沙棘分布区要根据本地区的环境因素、沙棘果实的理化指标、市场远近、加工和贮藏条件等，确定合理的采收期。

二、采摘方法

1. 人工采摘　鲜食果大都在果实成熟期人工采摘，采收时单个采摘，用大拇指和食指在果实基部轻轻一掐，连同果柄一起采下。不带果柄易弄破果实。沙棘因为果小、量大、皮薄、柄短、有刺而采摘困难。人工采果不仅劳动强度大、效率低，而且经常刺破双手，污染果实，影响产品质量。

2. 振动冻果　主要针对中国沙棘，当冬季气温降至−15℃后，中国沙棘果实会冻实。用木棒轻轻击打带果枝条，果实便会落在铺有塑料膜的地面上，或下面用浆果收集器接果。在有条件

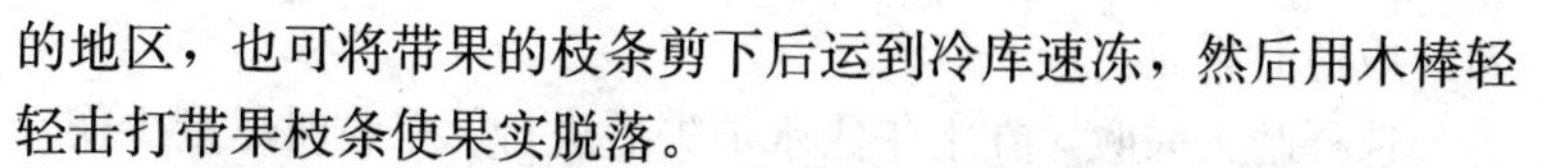

的地区，也可将带果的枝条剪下后运到冷库速冻，然后用木棒轻轻击打带果枝条使果实脱落。

3. 剪枝采摘　用剪枝剪人工剪下带果枝条。大果沙棘在8月上旬果实成熟时剪二年生结果枝，并按小区分区轮换，3年轮一个采收期限。中国沙棘既可在8月下旬果实成熟时剪，也可在冬季剪。连枝加工或振落冻果加工均可。此方法效率高，但易造成次年产量下降。

4. 机械采摘　以上3种方法均为人工采集，效率很低。为了提高采收效率，降低生产成本，加工果实也采用机械采收。俄罗斯、德国、瑞典和我国均研制了小型沙棘采摘机械。如俄罗斯专门研制的一种液压传动惯性振动机，采果比人工采摘速度提高4倍。俄罗斯和蒙古还使用一种气动吸入装置采果，这种真空装置启动后将果实吸入容器中，可明显提高劳动生产率，比人工采摘提高工效1.5～2.0倍，有效减少了果实的损失和枝条损伤。也有采用采前快速冷冻方法采收。我国西安市机械研究所研制的手轮式采果器自重0.5千克，每小时可采收3千克中国沙棘，能有效提高工效，但仅限于沙棘果刚成熟且坚硬时方可采用。

大部分采收机械根据剪果枝的原理设计，通过这种方法采收沙棘果需要大量劳动力剔除果枝，同时由于沙棘在二年生枝上结果，剪取果枝意味着这些枝条每两年才能采收一次。可考虑轻采、轮换采的方式进行机械采收。

第五节　五味子果实采收及采后处理

五味子果实如采收过早，加工成的干品色泽差、质地硬、有效成分含量低，将会大大降低其商品性；采收过晚，因果实易落粒，不耐挤压，也将造成经济损失。一般8月末至9月上中旬五味子果实变软而富有弹性，外观呈红色或紫红色，已达到生理成熟，应适时采收。

选择晴天采收，在上午露水消失后进行。采收时尽量少伤叶片和枝条。暂时不能运出的，要放阴凉处贮藏。采收过程中应尽量排除非药用部分及异物，特别是要防止杂草及有毒物质的混入，剔除破损、腐烂变质的部分。

第六节　蓝靛果果实采收及采后处理

蓝靛果成熟得很早。从标志果实开始成熟的浅蓝色颜色出现，到达到食用成熟度的天数取决于气象条件，一般是 5～10 天。在此期间果实重量增加，出现果实固有的风味和香气，果肉变软。当 75%以上的果实达到食用成熟度时即可采收。如果成熟期天气温暖晴朗，1 次就可以采收完毕。如遇到低温、多雨年份，则需要采收 2 次。

由于栽培面积小，目前的采收方式主要是人工采收。试验表明，大多数类型的浆果采收机械也同样适用于蓝果忍冬。

多数类型和品种的蓝靛果成熟时容易落粒导致产量降低，这是妨碍其得到广泛推广种植的原因之一。对于容易落粒的品种，可通过摇晃或拍打将果实抖落到塑料布或打开的雨伞中。

与其他小浆果一样，蓝靛果也不耐贮藏，一般采后正常条件下能存放 1～3 天，在冰箱中冷藏可贮存 5～7 天。因此，如果果实量大，采后需要尽快速冻，或加工成果汁、果酱等产品。

第七节　软枣猕猴桃的采收及采后处理

软枣猕猴桃是柔软多汁的浆果。适宜的采收与贮运方法是软枣猕猴桃作为高档鲜食果品进入市场的前提和保障。软枣猕猴桃的果实成熟期不一致，要根据果实状态，随熟随采。当绿色果皮光泽鲜明，稍有弹性，可溶性糖（手持测糖仪测定）达到 10%

以上时，即可手摘采收。过早采收风味差；过晚采收，绿色果皮表面易出现水渍状，不耐贮存。

田间采收的果实用小型塑料箱或纸箱盛装，果实轻拿轻放；入库第二天，要轻轻翻动，另装一次箱，以减少果面水分，降低果实温度，以利贮存。软枣猕猴桃的鲜果，在低温冷库 0～2℃条件下，可贮存 10～15 天。如果作为加工原料，必须及时加工处理。

附录　部分农药通用名与商品名对照表

农药通用名	农药商品名
阿维菌素	7051杀虫素、阿巴虫净、阿巴丁、阿巴菌素、阿巴汀、阿弗菌素、阿维虫清、阿维兰素、爱比菌素、爱福丁、爱福粉、爱螨力克、爱诺虫清、爱维丁、白螨净、百特灵、保农丁、比好、毙虱螨、标兵、莱宝、菜虫立灭、菜虫星、菜蛾灵、菜农乐、菜施得、虫百杀、虫吉克、虫克星、虫螨光、虫螨克、虫螨克星、虫螨立克、虫螨灵、虫螨齐克、虫螨杀星、虫螨双克、敌虱螨、敌虱蚜、毒虫丁、蛾尽、蛾万清、富农、果菜虫清、果菜星、果农笑、果蔬宁、害虫毙、害极灭、害立平、害通杀、好彩头、火力、金爱维丁、劲风、科力泰、克螨灵、克螨清、快捷达、力盖天、龙宝、绿宝信、绿维虫清、绿油油、螨虫盖特、螨虫克、螨虫清、螨虫素、螨绝代、螨光光、螨灭清、螨虱净、螨虱清、灭虫丁、灭虫灵、灭虫清、农得宝、农哈哈、农吉园、齐墩螨素、齐墩霉素、齐螨素、齐灭、奇螨宝、潜蝇毙、强棒、强虫螨击、青青乐、瑞兆丰、杀虫丁、杀虫菌素、杀虫素、神农丁、虱螨立杀、虱螨托、世纪风、双丰、松线光、通克、维多力、维灭蛾、卫士、新景象、新科、畜卫佳、蚜虫盖特、抑蛾净、益梨克虱、植宝赞、助旺
百菌清	百慧、百可宁、菜烟清、达料宁、达霜宁、打克尼尔、大菌丹、大克灵、冬收、哈罗尼、金盾、菌病治、菌关、菌乃安、康必乐、克达、克劳优、霉必清、霉达宁、耐尔、棚菜旺、棚菌清、棚菌熏净、棚霜一熏清、棚喜、谱菌特、去瘟宝、桑瓦特、杀霜优、圣克、霜灰净、霜霉清、霜霉特、霜熏灵、霜疫净、顺天星一号、四氯间苯二腈、四氯异苯腈、速罢霉、稳熏清、稳赞、烟旺、抑霜定、益力、震旦
苯醚甲环唑	敌委丹、噁醚唑、世高、思科
苯甲·嘧菌酯	阿米妙收

（续）

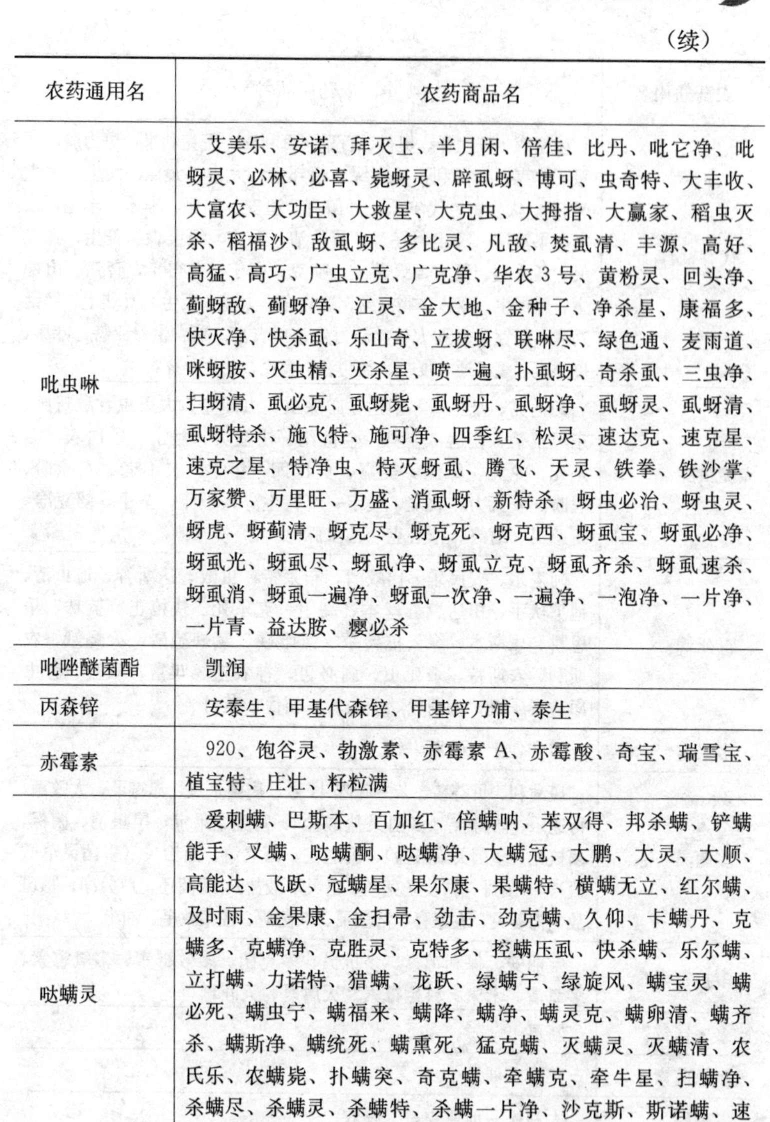

农药通用名	农药商品名
吡虫啉	艾美乐、安诺、拜灭士、半月闲、倍佳、比丹、吡它净、吡蚜灵、必林、必喜、毙蚜灵、辟虱蚜、博可、虫奇特、大丰收、大富农、大功臣、大救星、大克虫、大拇指、大赢家、稻虫灭杀、稻福沙、敌虱蚜、多比灵、凡敌、焚虱清、丰源、高好、高猛、高巧、广虫立克、广克净、华农3号、黄粉灵、回头净、蓟蚜敌、蓟蚜净、江灵、金大地、金种子、净杀星、康福多、快灭净、快杀虱、乐山奇、立拔蚜、联啉尽、绿色通、麦雨道、咪蚜胺、灭虫精、灭杀星、喷一遍、扑虱蚜、奇杀虱、三虫净、扫蚜清、虱必克、虱蚜毙、虱蚜丹、虱蚜净、虱蚜灵、虱蚜清、虱蚜特杀、施飞特、施可净、四季红、松灵、速达克、速克星、速克之星、特净虫、特灭蚜虱、腾飞、天灵、铁拳、铁沙掌、万家赞、万里旺、万盛、消虱蚜、新特杀、蚜虫必治、蚜虫灵、蚜虎、蚜蓟清、蚜克尽、蚜克死、蚜克西、蚜虱宝、蚜虱必净、蚜虱光、蚜虱尽、蚜虱净、蚜虱立克、蚜虱齐杀、蚜虱速杀、蚜虱消、蚜虱一遍净、蚜虱一次净、一遍净、一泡净、一片净、一片青、益达胺、瘿必杀
吡唑醚菌酯	凯润
丙森锌	安泰生、甲基代森锌、甲基锌乃浦、泰生
赤霉素	920、饱谷灵、勃激素、赤霉素A、赤霉酸、奇宝、瑞雪宝、植宝特、庄壮、籽粒满
哒螨灵	爱刺螨、巴斯本、百加红、倍螨呐、苯双得、邦杀螨、铲螨能手、叉螨、哒螨酮、哒螨净、大螨冠、大鹏、大灵、大顺、高能达、飞跃、冠螨星、果尔康、果螨特、横螨无立、红尔螨、及时雨、金果康、金扫帚、劲击、劲克螨、久仰、卡螨丹、克螨多、克螨净、克胜灵、克特多、控螨压虱、快杀螨、乐尔螨、立打螨、力诺特、猎螨、龙跃、绿螨宁、绿旋风、螨宝灵、螨必死、螨虫宁、螨福来、螨降、螨净、螨灵克、螨卵清、螨齐杀、螨斯净、螨统死、螨熏死、猛克螨、灭螨灵、灭螨清、农氏乐、农螨毙、扑螨突、奇克螨、牵螨克、牵牛星、扫螨净、杀螨尽、杀螨灵、杀螨特、杀螨一片净、沙克斯、斯诺螨、速克、速螨酮、速杀果螨、双勇、泰杀螨、特螨清、休螨、鑫螨利、允达灵、雄风、抑螨净
代森联	品润

（续）

农药通用名	农药商品名
代森锰锌	爱富森、安生保、奥科、百乐、百利安、斑克利果、斑力脱、邦星、比克、必得利、长青绿、超邦生、大丰、大猛、大生、大生M-45、大生富、代尔乐、丹菌克、迪安、都保、丰禾、丰生、福友、果富达、汉生、好意、菌达清、乐克、绿宝森、美生、猛飞灵、猛杀生、锰宝、灭菌宝、喷克、棚宁、普得丰、普诺、山德生、施保生、双吉、霜疫露、速克净、太盛、天生、万佳生、锌锰乃浦、新锰生、新太生、新万生、兴农富、兴农生、亚特、叶康、疫必克、疫卡通、疫杀、益明春、真克、壮生、尊农
啶虫脒	阿达克、吡虫清、毕达、必除虫、虫即克、大灭虫、敌蚜虱、东风虫杀、盖达、金科、金世纪、快益灵、兰宁、乐白农、力杀死、龙克、绿园、美嘉、莫比朗、年丰、农不老、农家盼、农盼、农天力、农友、喷定、赛特生、兴千年、圣手、蚜克净、蚜杀灵、蚜终、依必克、乙虫脒
毒死蜱	阿麦尔、安民乐、白蚁清、布莱特、虫败、达斯奔、地虫清、地下伏手、田达、毒丝本、高卫、克乐死、快枪击、蓝珠、乐思耕、乐斯本、绿云抗铃杀、氯吡磷、氯蜱硫磷、灭蝇娥、农斯利、农斯特、杀死虫、刹必可、神农宝、双富、双盈、思虫净、泰乐凯、陶斯松、新农宝、裕民、紫丹
多果定	多宁、十二烷胍
多菌灵	斑敌利、贝芬替、苯并咪唑44号、病菌杀星、赤霉灵、大败菌、得速乐、防霉宝（多菌灵盐酸盐）、富生、果宝、黑星清、菌保、菌核光（多菌灵磺酸盐）、菌立安、菌立清、菌治灵（多菌灵草酸盐）、卡菌丹、枯萎立克（多苗灵草酸盐）、凌菌还、芦笋净、霉斑敌、棉萎灵、农家喜、溶菌灵、双菌清、油菜救星、油丰
多抗霉素	宝丽安、保利霉素、多抗灵、多克菌、多效霉素、多氧霉素、多氧清、禾康、科生霉索、灭腐夏、天旺青
多·锰锌	新灵
多杀菌素	菜喜、催杀
二嗪磷	大利松、地亚农、二嗪农
二溴磷	乃力松、斯赛尔、万丰灵
噁酮·氟硅唑	万兴

（续）

农药通用名	农药商品名
噁唑菌酮	嘿唑酮菌、易保、易灵
氟虫腈	够利害、锐劲特、特密得、威灭、蟑毙
氟虫脲	卡死克
氟啶脲	定虫隆、克福隆、抑太保
氟硅唑	福星、护矽得、克菌星
氟氯氰菊酯	百树得、百树菊酯、百治菊酯、氟氯氰醚菊酯、福乐庆、鸿福、立威拜得、杀飞克、天王百树
福美双	得恩地、多宝、多重宝、粉霜净、轮炭消、诺克、秋兰姆、赛欧散、世能、世星、双丰收、双福升、炭腐菌清、卫福美、希克
腐霉利	必克灵、二甲菌核利、福烟、黑灰净、灰核一熏净、灰霉灭、灰霉星、灰霉一熏净、克霉宁、棚达、棚丰、扑灭宁、扫霉特、杀霉利、胜德灵、速克灵、消霉灵、熏克
复硝酚钠	爱多丰、爱多收、保多收、必多收、必丰收、春雨1号、丰必灵、丰产293、丰产宝、丰产星、丰收佳、花蕾宝、花蕾保、粮果欢、膨大快、硕飞一百、硕丰宝、汤姆优果、万果宝、万物丰、稳步高、裕丰、壮三秋
高效氯氰菊酯	高灭灵、三敌粉、无敌粉、蝇克星、阿锐宝、爱克杀2号、安 杀宝、百虫灭、百虫宁、百绿、百蚜净清、保丰净丹、保绿丰、保绿康、保绿宁、保士、倍力撒、比杀力、采得丰、超杀、虫必除、虫威特、蝽虱灵、大决战、大灭灵、福乐农、高保、高得力、高冠、高露宝、高禄旺、高绿宝、果虫毙杀、好防星、好悦克、恒达、辉丰菜老大、歼灭、津绿宝、净虫灵、军星7号、科海、克虫厉、克虱灵、克虱特、克斯灵、快虫杀、决枪2号、梨虫净、梨虱特、利果兴、绿艾、绿安泰、绿百事、绿邦、绿丹、绿福、绿稼园、绿可安、绿林、绿绿福、绿青兰、绿田宝、绿威、灭害特、灭铃一片净、木虱净、农得富、农发发、农丰2号、农乐发、农人乐、扑虱特、普虫杀、普敌克、奇力灵、强力灭、瑞达杀星、赛得、赛康、赛诺、赛首、杀得福、杀敌通、神农箭、虱铃净、顺天宝、太保2号、太强、特杀净、天环包得、天龙宝、天网、田大宝、顽虫敌、卫害净，稳克、五步杀、小卫士、兴州克、蚜虱敌、一步到位、乙体氯氰菊酯、益稼、勇杀、豫星、斩灭、中保四号

（续）

农药通用名	农药商品名
高效甲霜灵	精甲霜灵
烷醇·硫酸铜	植病灵
甲氨基阿维菌素苯甲酸盐	莱健、埃玛菌素、威克达
甲基硫菌灵	安美克、丰瑞、红日、红日杀菌剂、甲基多保净、甲基托布津、金康、菌克宁、菌真清、纳米欣、赛明珠、桑菲纳、杀灭尔、树康、套袋保
甲硫威	灭赐克、灭虫威、灭旱螺、灭梭威
甲萘威	胺甲萘、加保利、西维因
甲氰菊酯	剿螨巢、虫喷灭、都克、芬普宁、富农宝、欢腾、韩乐村、甲扫灵、解农愁、吉大利、利丹、灭虫螨、灭扫利、灭扫星、农螨丹、氰氯苯醚菊酯、全垒打、扫灭净、杀虫螨、杀螨菊酯、斯尔绿、中西农家庆
甲氧虫酰肼	甲氧苯酰肼、雷通、美满
腈菌唑	斑粉脱、高渗腈菌唑、果垒、黑斑清、蕉斑克、蕉斑清、迈克尼、灭菌强、清斑座、特菌灵、仙星、信生、叶斑宝、叶斑清、一帆常绿
矿物油	敌死虫、绿颖、农用喷淋油、刹死倍、园艺喷洒油
克菌丹	盖普丹、开普顿、美派安
枯草芽孢杆菌	天赞好、依天得、百抗、力宝
喹硫磷	爱卡士、拜裕松、挞尔虫、福田宝、惠明、克铃死、克螨蚧、破敌、喹噁硫磷、喹噁磷、速效灵、威特克
喹螨醚	螨即死
乐果	百敌灵、大灭松、剑灵、坤杀、渗乐、宇力
藜芦碱	虫敌、虫蛾毙治、好螨星、护卫鸟、藜芦碱醇、四特宝
联苯菊酯	必富、茶宝、苯菊酯、毕芬宁、虫螨灵、氟氯菊酯、盖杀、护赛宁、天王星

（续）

农药通用名	农药商品名
硫丹	安都杀芬、安杀丹、安杀番、韩丹、赛达克、赛丹、赛灵丹、硕丹
硫黄	保叶灵、成标、粉病灵、封园宝、胶体硫、果腐宁、螨菌丹、螨园净、农 325、双吉胜、先灭
硫线磷	丁线磷、克线丹
氯化苦	氯苦、三氧硝基甲烷
氯菊酯	百灭灵、百灭宁、保而克、毕诺杀、苄氯菊酯、除虫精、登热净、二氯苯醚菊酯、富力士、克死命、克死诺、派米苏、神杀、速杀、蛀王醇
氯氰菊酯	阿灭灵、阿锐克、安绿宝、安绿得、傲杀、奥思它、百立得、百胜、百事达、宝康、保尔青、保丰箭、比速特、博杀特、菜虫清、菜虫特选、菜果丰、菜果好、虫干净、大清除、敌虫畏、东旺杀虫棒、多残杀、富锐、格达、韩乐宝、轰敌、津菊、津克、军星 13 号、克虫宝、克虫威、克敌星、克多邦、快灭星、快优灵、快中 1 号、力虫弹、铃蛾净、绿青宝、绿氰全、灭百可、诺正、派齐尔特、潜击、清敌、全胜、瑞田宝、赛邦凯、赛波凯、赛虫特、赛甲安、赛绿宝、赛灭灵、赛灭宁、桑米灵、顺天丰、顺天福、苏化绿宝、速锐杀、田老大、妥快、威铃克、无敌手、兴棉宅、兴州 1 号、夜蛾必杀、一招清
氯氰·毒死蜱	农地乐、农蛙
氯噻啉	跨越
螺螨酯	螨危
吗胍—乙酸铜	康润 1 号
马拉硫磷	仓保、储粮粉、储粮灵 2 号、防虫磷、蝗虫必杀、库粮安、粮虫净、粮虫灭净、粮虫清、粮泰安、马拉赛昂、马托松、灭蚧、贮粮灵
咪鲜胺	白克、百使特、保禾利、保鲜克、丙氧磷、公道宁、果鲜宝、扑克托、扑霉灵、施保克、使百克、优富 8 号
咪鲜胺锰盐	施保功、使百功

（续）

农药通用名	农药商品名
醚菌酯	胺菌醚、翠贝、亚胺菌
嘧菌环胺	和瑞
嘧菌酯	安灭达、腈嘧菌酯
嘧霉胺	灰毒农丰、隆利、施佳乐
灭蝇胺	斑蝇敌、根蛆净、乐灭斑潜蝇、美克、灭蝇宝、潜克、潜蝇灵、赛灭净、速杀蝇、钻皮净
棉隆	必速灭、迈隆
宁南霉素	菌克毒克
炔螨特	奥美特、丙炔螨特、保果好、敌螨、毒螨枭、福螨灵、果满园、剑效、金穗灭螨令、拒螨大、克螨特、绿柳净、螨排灵、螨必克、螨除净、螨立得、螨涕、猛烈、灭螨净、殴螨多、泰星、锐螨净、扫螨利、杀螨特星、杀螨净、索螨朗、秦星、睡螨地、汰螨乐、威特螨、仙农螨立尽、新螨杀
氢氧化铜	丰护安、根灵、冠菌乐、冠菌清、冠菌铜、可杀得、克杀多、蓝盾铜、绿澳铜、瑞扑、杀菌得
噻螨酮	除螨威、台赛多、己噻唑、尼索朗
噻唑磷	福气多、福赛绝、线螨磷
三氟甲吡醚	速美效
三氯杀螨醇	大克螨、敌螨丹、歼螨灵、军星管螨、开乐散、灭螨安、齐杀螨、杀螨德、施螨灵
三乙膦酸铝	白菌消、福赛得、福赛特、蓝博、喷除、乙膦铝、疫霜灵
三唑酮	百菌酮、百理通、保丽特、春收、粉菌特、粉锈宁、丰收乐、丰收灵、剑清、菌克灵、菌立散、菌灭清、快粉特、立菌克、利菌克、麦病宝、扑菌星、三泰芬、施必丰、优特克、植保宁
三唑锡	白螨灵、倍乐霸、遍地红、锉螨、锉螨特、克蛛勇、福达、红螨灵、歼螨丹、螨必败、螨无踪、灭螨锡、扑螨洗、泡螨、清螨丹、三唑环锡、信杀螨、使螨伐、锡先高、夏螨杀、诱螨、亚环锡、永旺、正螨
四氟醚唑	朵麦可、氟醚唑

（续）

农药通用名	农药商品名
四聚乙醛	多聚乙醛、梅塔、密达、蜗牛敌、蜗牛散
四螨嗪	阿波罗、捕螨特、红暴、克芬螨、克螨敌、美诺、螨杰、螨死净、三乐
苏云金芽孢杆菌	棒棒宝、包杀敌、比力、比尼、比尼 Bt、菜虫特杀、虫卵克、虫死定、敌宝、都来施、多害特、福乐定、富泰、果菜净、好丰、加克多、见大利、九鲤、菌杀敌、康多惠、科敌、快来顺、劳吉特、绿得利、绿浓、绿浦安、灭蛾灵、千胜、青虫灵、青虫菌、锐星、杀虫菌 1 号、杀尔多、生态宝、苏得利、苏力精、苏利菌、苏杀虫净、苏泰、苏特灵、天霸、天宇生得、万打、先得利、先力、星缘、益万农
顺式氯氰菊酯	阿耳发特、百净、百事达、大将军、都灭、发米苏、奋斗呐、高顺氯氰菊酯、高效安绿宝、高效灭百可、高效兴棉宝、高效氯氧菊酯、甲体氯氰菊酯、惊雷、快杀敌、迅雷、亚灭宁
威百亩	爱地益、保丰收、硫威钠、适每地、斯美地、维巴姆、维博亩、线克
戊唑醇	富力库、好力克、菌立克、立克莠
烯啶虫胺	强星
溴甲烷	甲基溴、溴化甲烷、溴灭泰
辛硫磷	巴赛松、百吉、拜辛松、倍氰松、倍晴松、邦力收、仓虫净、虫眠、虫速灭、大灵、地虫杀星、地舒适、地星、富力特 1 号、捷施、金线辛、腈肟磷、军星 3 号、凯收、快枪 3 号、快杀光、快杀令、快杀清、立贝克、立本净、利而杀、利尔杀、棉杀抗、棉星 1 号、牛灵、农舒、青虫光、速毙铃、威必克、肟磷、肟硫磷、熏龙 1 号
亚砜磷	灭多松、亚砜吸磷
烟酰胺	凯泽
乙霉威	保灭灵、甲霉灵、万霉灵、抑菌威
乙烯菌核利	免克宁、农利灵
异菌脲	朴海因、桑迪恩、施疫安、依普同

（续）

农药通用名	农药商品名
印楝索	爱禾、绿晶、全敌
茚虫威	安打、噁二唑虫、全垒打
有机硅农用助剂	杰效利
唑磷·毒死蜱	护地净
唑醚·代森联	百泰

主要参考文献

艾军，沈玉杰，路文鹏．2009．特种经济果树规范化高效栽培技术［M］．北京：化学工业出版社．

艾军．2006．五味子栽培与贮藏加工技术［M］．北京：中国农业出版社．

代汉萍，郭修武，王宝山．2007．辽宁省树莓生产现状［J］．辽宁农业科学（1）：42－43．

代汉萍，孙喜成，王菲，等．2006．夏秋两季结果树莓品种秋福［J］．中国果树，3：19－20．

代汉萍．2001．树莓优良品种美国22号［J］．中国种业，2：36．

代汉萍．2010．树莓栽培新技术［M］．沈阳：沈阳出版社．

戴芳澜．1979．中国真菌总汇［M］．北京：科学出版社．

邓叔群．1963．中国的真菌［M］．北京：科学出版社．

傅俊范，傅超，严雪瑞，等．2009．辽宁树莓病虫害调查初报［J］．吉林农业大学学报，31（5）：661－665．

傅俊范，韩霄，周如军，等．2010．树莓灰斑病发生初报及病原鉴定［J］．吉林农业大学学报，31（5）：666－668，671．

傅俊范，严雪瑞，李亚东．2010．小浆果病虫害原色图谱［M］．北京：中国农业出版社．

傅俊范．2007．药用植物病理学［M］．北京：中国农业出版社．

何振昌，等．1997．中国北方农业害虫原色图鉴［M］．沈阳：辽宁科学技术出版社．

华立中．2005．中国昆虫名录（第三卷）［M］．广州：中山大学出版社．

黄庆文．1998．树莓及其丰产栽培技术［M］．北京：中国农业出版社．

黄庆文．2007．树莓优良品种标准化栽培新技术［M］．沈阳：辽宁科学技术出版社．

贾菊生，王继勋，赵建民，等．2001．新疆黑穗醋栗白粉病的发生及防治［J］．植物保护，27（5）：27－20．

李爱民，张正海．2008. 北五味子标准化生产技术［M］．北京：金盾出版社．

李亚东．2007. 蓝莓优质丰产栽培技术［M］．北京：中国三峡出版社农业科教出版中心．

李亚东．2010. 小浆果栽培技术［M］．北京：金盾出版社．

李亚东．2001. 越橘（蓝莓）栽培与加工利用［M］．长春：吉林科学技术出版社．

林天行，傅俊范，周如军．2007. 五味子叉丝壳菌危害风险性分析［J］．安徽农业科学（8）：1313－1314.

刘博，傅俊范，周如军，等．2009. 17 种杀菌剂对五味子叶枯病菌的毒力测定［J］．湖北农业科学（5）：1155－1156.

刘博，傅俊范，周如军，等．2008. 辽宁五味子种子带菌检测及药剂消毒处理研究［J］．植物保护（6）：95－98.

刘博，周如军，傅俊范，等．2008. 五味子苗枯原因分析及防治措施［J］．中国植保导刊（5）：37－39.

刘博，傅俊范，周如军，等．2008. 五味子叶枯病病原鉴定［J］．植物病理学报（4）：425－428.

刘广瑞，章有为，王瑞．1997. 中国北方常见金龟子彩色图鉴［M］．北京：中国林业出版社．

刘洪家，刑如义．2006. 黑穗醋栗整形、修剪及周年生产管理技术［J］．农机化研究，21（6）：118－122.

刘友樵，李广武．2002. 中国动物志：昆虫纲　第二十七卷　鳞翅目卷蛾科［M］．北京：科学出版社．

孟庆文．2007. 蓝靛果栽培的几个技术问题［J］．科技资讯，8：244.

聂飞，韦吉梅．2007. 蓝莓的生态适应性与栽培技术［J］．中国南方果树，36（3）：72－75.

葛志荣．2006. 食品中农业化学品残留限量［M］．北京：中国标准出版社．

王国平，窦连登．2007. 果树病虫害诊断与防治原色图谱［M］．北京：金盾出版社．

王洪晶，李淑珍．2007. 浅谈沙棘硬枝扦插［J］．林业科技情报，39（2）：35－38.

王彦辉，张清华 .2003. 树莓优良品种与栽培技术［J］. 北京：金盾出版社 .

魏景超 .1979. 真菌鉴定手册［M］. 上海：上海科学技术出版社 .

吴泽南，聂媛，孙冬伟，等 .2001. 软枣猕猴桃修剪技术研究［J］. 中国林福特产，1：5-7.

萧刚柔 .1992. 中国森林昆虫［M］.2 版 . 北京：中国林业出版社 .

宣景宏，孟宪军，刘春菊，等 .2007. 树莓的主要功效成分及开发利用前景［J］. 中国果业信息，1（4）：26-28.

宣景宏，张春艳，李军，等 .2006. 中国树莓产业发展思考［J］. 中国南方果树，35（6）：74-75.

薛彩云，严雪瑞，林天行，等 .2007. 五味子茎基腐病发生初报［J］. 植物保护（4）：96-99.

薛彩云，傅俊范，严雪瑞，等 .2007. 五味子种苗带菌初步检测［J］. 安徽农业科学（16）：4721-4722.

严雪瑞，傅俊范，于舒怡，等 .2009. 辽宁树莓灰霉病流行调查及原因分析［J］. 吉林农业大学学报，31（5）：672-674.

杨子琦，曹华国 .2002. 园林植物病虫害防治图鉴［M］. 北京：中国林业出版社 .

虞佩玉，王书永，杨星科 .1996. 中国经济昆虫志（第五十四册）鞘翅目叶甲总科（二）［M］. 北京：科学出版社 .

苑兆和 .2003. 世界蓝莓生产历史与发展趋势［J］. 落叶果树（1）：49-52.

张志东 .1999. 黑穗醋栗栽培技术［J］. 北方果树，4：27-30.

张志恒 . 王强 .2008. 草莓安全生产技术手册［M］. 北京：中国农业出版社 .

张志恒 .2006. 农药合理使用规范和最高残留限量标准［M］. 北京：化学工业出版社 .

张治良，赵颖，丁秀云，等 .2009. 沈阳昆虫原色图鉴［M］. 沈阳：辽宁民族出版社 .

赵奇，傅俊范 .2009. 北方药用植物病虫害防治［M］. 沈阳：沈阳出版社 .

中国植物保护学会植物检疫学分会 .1993. 植物检疫害虫彩色图谱［M］.

北京：科学出版社．

中国科学院动物研究所．1981. 中国蛾类图鉴Ⅰ［M］．北京：科学出版社．

中国科学院动物研究所．1983. 中国蛾类图鉴Ⅳ［M］．北京：科学出版社．

周如军，韩霄，傅超，等．2009. 树莓灰斑病病原生物学研究［J］．吉林农业大学学报，31（5）：669－671.

朱弘复，王林瑶，方承莱．1979. 蛾类幼虫图册（一）［M］．北京：科学出版社．

王霓霓．2010. 主要贸易国家和地区食品中农药兽药残留限量标准［M］．北京：中国标准出版社．

Daubeny H A. 2002. Raspberry breeding in the 21st century［J］. Acta Hort.，585：69－72.

Maas J L，Galletta G J，et al. 1991. Ellagic acid，an anticarcinogen in fruits，especially in strawberry：a review［J］. Hort Science，26：10－14.

Osami Kajimoto. 1999. Blueberries and Eyesight［J］. Food Style，21（3）：3.

Weber C. 2007. Raspberry variety review：old reliable and new potential［J］. Berry Notes，19（2）：4－7.

彩图1　北高丛蓝莓品种——埃利奥特

彩图2　北高丛蓝莓品种——伯吉塔蓝

彩图3　北高丛蓝莓品种——公爵

彩图4　北高丛蓝莓品种——蓝丰

彩图5　兔眼蓝莓品种——粉蓝

彩图6　蓝莓育苗圃

彩图7　盛果期蓝莓果园

彩图8　蓝莓果实小包装

彩图9　树莓品种——美国22

彩图10　树莓品种——米克

彩图11　树莓品种——秋福

彩图12　树莓优良新品种——秋萍

彩图13　树莓品种
欧洲红（左），胜利（右）

彩图14　树莓丰产园

彩图15　树莓组培育苗

彩图16　树莓组培营养钵育苗

彩图17　树莓育苗圃

彩图18　树莓夏季修剪

彩图19　树莓越冬前修剪

彩图20　树莓防寒前压绑枝条

彩图21　树莓埋土防寒

彩图22　树莓果实包装

彩图23　穗醋栗品种——奥衣宾

彩图24　穗醋栗品种——黛莎

彩图25　穗醋栗品种——黑珍珠

彩图26　穗醋栗品种——利桑佳

彩图27　穗醋栗品种——亚德列娜娅

彩图28　蓝靛果品种——贝瑞尔

彩图29　蓝莓初果期果园

彩图30　蓝靛果果园

彩图31　五味子雌花

彩图32　五味子雄花

彩图33　五味子优系——早红

彩图34　五味子根腐病树体受害状

彩图35　五味子白粉病果实

彩图36　五味子霜害

彩图37　蓝莓成株根癌病田间受害状

彩图38　蓝莓根癌病癌瘤

彩图39　蓝莓灰霉病花蕾发病症状

彩图40　蓝莓灰霉病果实发病症状

彩图41　小青花金龟子在蓝莓田间为害状

彩图42　金龟子幼虫——蛴螬

彩图43　树莓果实灰霉病

彩图44　为害树莓的中华弧丽金龟

彩图45　树莓根癌病

彩图46　款冬螟在秋果树莓茎内蛀孔

彩图47　黑穗醋栗白粉病

彩图48　黑穗醋栗瘿螨田间为害状